Wedding

幸福花嫁准备书

陈旻 著

中国纺织出版社

内 容 提 要

这是一本憧憬花嫁不可错过的参考书！包括面部彩妆、身体彩妆、特别部位保养与装饰、配饰等，无论是细节还是整体都有清晰的图片及说明。书中精美的案例，让即将成为新娘的女生更有自信、更有准备地经历人生最重要的婚礼时刻。

原文书名：幸福花嫁准备BOOK
原作者名：陈旻
本书中文简体版经 ◉青文出版（台湾）授权，由中国纺织出版社独家出版发行。本书内容未经出版者书面许可，不得以任何方式或任何手段复制、转载或刊登。

著作权合同登记号：图字：01-2012-7434

图书在版编目（CIP）数据

幸福花嫁准备书/陈旻著.--北京：中国纺织出版社，2014.1
ISBN 978-7-5180-0034-0

Ⅰ.①幸… Ⅱ.①陈… Ⅲ.①女性—化妆—基本知识
Ⅳ.①TS974.1

中国版本图书馆CIP数据核字（2013）第217807号

策划编辑：张 程   责任编辑：张 程   责任校对：梁 颖
责任设计：何 建   责任印制：储志伟

中国纺织出版社出版发行
地址：北京市朝阳区百子湾东里A407号楼 邮政编码：100124
邮购电话：010-67004461 传真：010-87155801
http://www.c-textilep.com
E-mail：faxing@c-textilep.com
北京雅迪彩色印刷有限公司印刷   各地新华书店经销
2014年1月第1版第1次印刷
开本：889×1194 1/16 印张：12.75
字数：114千字 定价：88.00元

自序

当多数人在19岁时，往往对未来的路还充满着问号，更别说所谓事业，根本就是个未知数。但对于身为地道南部小孩的我来说，却有一个始终不变的观念，那就是——凡事靠自己！这样的观念不断地提醒着我，想要拥有多少的成就与财富，就得付出多少的压力与劳力，这才是脚踏实地！我的助理常常笑我说："卉卉姐最喜欢说：'老人家常常说……''冥冥中老天爷都在指引'这种话了。"一方面自己想起来还挺好笑的，另一方面却也很直接地反映了我的人生观念，就是谋事在人，成事在天！

出版这本书一直是我的理想与目标，对于我来说，"新娘"一直是我心目中的名模！不仅有着幸福的模样，更是家人细心呵护的宝贝，仔细挑拣最佳时辰出嫁到夫家，为的就是求得一辈子的美满。

但从事多年的新娘秘书工作以来，我常常纳闷，大多数新娘们为何不能以天生丽质般的肤况出现在婚礼当天呢？原来，台湾多数新娘常常因为工作繁忙、熬夜以及费心筹办婚礼的缘故，想要在忙碌的时间表中挪出时间保养肌肤，简直是极为困难的事情！

我非常欣赏日本的新嫁娘，在确认了结婚的计划之后，至少在半年前就会赶紧预约美容中心或美甲、美发的保养课程，甚至把它当做工作中的一部分，可见她们是很重视这部分的准备的。目前，台湾重视婚礼前准备的人跟以往比起来也较有进展，美容中心也推出越来越多的准新娘专案为新嫁娘们做准备！

这本书出版的主要目的就是帮助准新娘们以最佳状态出现，当然，所有的女人都应该依循这些原则，在重要时刻以完美姿态现身。希望这本书除了能帮助准新人，还能帮助一些喜欢DIY及需要应急的女性。记住，学习善待自己才是最好的自我营销手法！

陈旻

目录

Contents

Part 2 新娘身体保养＋彩妆篇

Part 3 头部的其他装饰

Part 4 饰品篇

Part 1

新娘紧急脸部保养
＋
彩妆篇

摄影／赵志程；模特／昆凌；协力厂商／VIVI薇薇新娘Bride、梵谷饰品美学设计

脸部肌肤紧致拉提篇

除了年龄会造成脸部的肌肤老化，表情、托腮、睡姿挤压的肌肤纹路等状况，也有可能产生皱纹。因此脸部的拉提保养一定要进行得彻底，绝对不能大意！

轻松重现 活力紧致肌

1

丰润精萃保湿凝露

将按摩霜在手上搓热

首先将按摩霜在手掌上慢慢地搓热后再开始按摩，利用温度来让按摩霜更好推抹。

2

从脸颊由内往外推开

先从脸颊部位开始按摩。按摩时顺着肌肤纹理来推抹，由内往外稍微施加一点力按摩。

3

从嘴角往太阳穴按摩

接着从两侧的嘴角往太阳穴的方向按摩。就像是要将肌肤往上拉提般，轻柔地按摩。

4

CHIC CHOC樱花QQ冻

额头肌肤向上推抹

额头的部分不要左右来回按摩，这样反而会造成细纹产生。同样是以往上拉提的方式，来紧致额头的肌肤。

5

从颈部带到锁骨

颈部顺着同一方向由左到右按摩，接着再往上做拉提。然后顺着颈周往锁骨方向将老废角质带出体外。

6

保湿紧致精华霜

锁骨凹陷处按压

最后，将老废角质带出体外后，在锁骨的凹陷处稍施力量，做按压的动作就完成了。

摄影／赵志程；模特／昆凌；协力厂商／薇薇新娘婚纱、梵谷饰品美学设计

肌肤局部拉提保养篇

脸部的细致部位很容易被忽视保养，或是一不小心因为大力拉扯，而造成肌肤损伤！利用局部的拉提保养，来提升自己的肌肤保养境界吧！

紧致的脸庞，
即使再靠近 也 不害怕

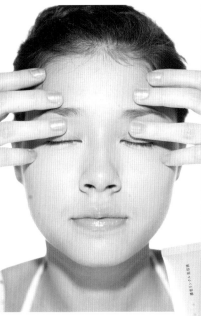

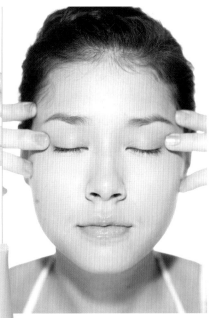

1

眼头往眼尾方向弹点

先蘸取适量的眼霜，每只眼睛眼霜的使用量约一颗绿豆大小。并从眼头开始往眼尾的方向以指腹轻轻按压弹点。

2

紧致拉提美容液

顺着该方向轻轻滑过按摩

一样是从眼头往眼尾的方向轻柔地滑过眼部肌肤按摩，让眼霜彻底地涂擦到眼周的每个地方。

3

眼尾按压停留5秒

在眼尾的位置特别停留加压5秒，可以稍微地在此部位轻轻转圈按压，让眼尾的肌肤更加紧致。

4

法令纹的部位用拇指与食指掐捏

法令纹明显的人看起来就会显得严肃，所以在法令纹的位置将拇指与食指往上掐捏按压约10次。

5

将拇指指腹往上推抹

为了让法令纹看起来较不明显，可以利用拇指指腹在法令纹位置，以由下往上推抹的方式来按摩。

6

颈部由内往外转圈按摩

很容易被忽略的颈部皱纹，一定要加强保养。将乳液或颈霜在双手涂抹开来后，由内往外转圈按摩。

摄影／陈敬强；模特／舒玺；协力厂商／金纱梦结婚会馆、梵谷饰品设计美学

肌肤局部暗沉美白篇

除了全脸的美白外，唇部、眼部等细致部位的暗沉现象，更需要特别细心的照顾！尤其是这些部位的肌肤都非常薄且脆弱，不小心拉扯或是放任暗沉不管，只会让黑色素沉淀状况越演越烈，所以一定要特别加强保养！

令人称羡，
完全无瑕疵的白皙脸庞

Process 1

全脸使用美白精华

在涂擦完化妆水后，使用约一颗珍珠大小量的美白精华来涂擦脸部。可以先在掌心搓热之后再涂擦在全脸上。

Process 2

新肌澈白保湿液

将美白精华敷在斑点部位

将美白精华倒在化妆棉上，将其敷在斑点或是两颊特别暗沉的部位约5～10分钟。

Process 3

蜡菊亮泽润唇膏

取下后转圈按摩加强吸收

为了让美白精华的成分能完全被肌肤底层吸收，可以将化妆棉取下后以指腹来转圈按摩。

Process 4

水嫩焕采明眸眼膜

眼周暗沉使用眼膜产品

将能够快速解决眼周暗沉的眼膜产品敷在眼周约15分钟，取下后再使用手指来弹点按摩。

Process 5

精华液

唇部也要去除角质

对于长期使用唇彩产品或是日晒造成的唇部暗沉，可以利用棉花棒+护唇霜来按摩，除了能去除老废角质也能让脱屑状况获得缓解。

Process 6

新肌澈白极致精华

敷上温毛巾加强吸收

最后在唇部涂抹上厚厚的一层护唇产品后，接着将温毛巾敷在唇上。让护唇效果发挥地更充分。

摄影／陈敬强；模特／善贤；协力厂商／仙度丽娜婚纱、梵合饰品美学设计

009

脸部深度美白篇

　　婚礼中最受关注的新娘，如果肌肤看起来暗沉明显那可就大大的不好了，在婚礼前赶快来个肌肤紧急美白抢救吧，透亮的脸庞，会成为众所瞩目的焦点！

脸部透出极致白皙的
漂亮光泽

1
Process

晶透奇肌–角质柔软水

倒上大量的化妆水

在化妆棉倒上大量的化妆水，用量绝对不能少，一定要到整个化妆棉浸湿的程度才算可以！

2
Process

净肌澈白化妆水

由内往外涂擦化妆水

从脸部的内侧往外侧涂擦化妆水，顺着肌肤纹理涂擦比较不会拉扯到肌肤，避免造成细纹的产生！

3
Process

美白保湿化妆水

敷上美白化妆水

为了让美白效果更显著，在脸上五个部位敷上倒入大量化妆水的化妆棉，大约停留5~10分钟。

4
Process

新肌澈白保湿液

涂擦美白精华液

在全脸使用美白精华液来让肌肤的透亮感更往上提升，对于有局部暗沉的人可以在该部位加强按摩涂擦。

5
Process

柑橘熊果素美白面膜
欧薄荷Vit C透白面膜

一周一次的脸部去角质

脸部老废角质面积过多的时候，肌肤就会显得暗沉无光。每周一次使用去角质产品去掉老废角质。记住力道一定要轻柔喔！

6
Process

日本山茶花雪白3D菱纹面膜

敷上美白面膜让脸部更透亮

在去角质完后敷上美白面膜将会带来非常优异的白皙效果。静置约15~20分钟后，将脸上的精华液按摩至吸收为止。

摄影／赵志程　模特／贝贝　协力厂商／金纱梦结婚会馆、立伟钢饰

创造白皙肌肤彩妆篇

不管是什么肤色的人其实最想要的还是拥有白皙肤质，如果在保养上还来不及让自己看起来变白，那就利用彩妆的技巧来小小地"伪装"一下吧！从底妆开始一直到唇彩，每一个小细节都不能错过！

好像天生的白雪肌，
轻易成为被关注的焦点

1

Process

RMK 柔光蜜采饼01

使用粉饼来上妆

　　将粉饼以由内往外的方式按压在脸上，接着在眼角、眼下、鼻翼、嘴角等部位也轻轻拍打上。

2

Process

玩色蜜口红RS01

眼窝使用棕橘色眼影

　　棕橘色的眼影非常适合各种肤色的人使用。会有让肤色变明亮的效果。将其打在整个眼窝的部位。

3

Process

描绘上黑色的眼线

　　同样从眼头往眼尾的方向描绘黑色的眼线。尽量画的靠近睫毛根部一点，会让双眼放大更自然。

4

Process

下眼睑涂抹红棕色眼影

　　下眼睑的部位使用偏红的棕色来涂抹。色调不会过于夸张，但都能加强眼部的视觉印象。

5

Process

选择粉橘色的腮红

　　如果想让肤色看起来白皙，粉橘色的腮红是绝对必要添购的单品！依照脸型画上圆型或斜长型的颊彩。

6

Process

RMK 诱光唇蜜

最后涂擦粉肤色调的唇蜜

　　使用裸肤色的唇蜜涂擦在双唇上。在唇峰的位置可以再特别地加强一次，可以让双唇轮廓更立体。

摄影／赵志程　模特／侬兰　协力厂商／丽舍婚纱、梵谷饰品美学设计

013

细致弹力的双眼肌肤，
让你更加具有魅力

眼部问题紧急抢救篇

双眼是人的灵魂之窗，因此如果双眼无神就会让你的气色大打折扣！所以平常就要做好保养，如果时间真的太紧张快来不及了，那就赶快来看看这篇眼部问题紧急抢救法，让你瞬间恢复眼部光彩！

薏仁＋钻石亮白冻膜
玫瑰嫩白冻膜

水嫩焕采明眸眼膜

1 Process

先敷上温热过的热毛巾

整脸可以敷上温热的毛巾来让肌肤软化。接着可以将温热毛巾敷在眼部，让眼部肌肉放松舒缓！

2 Process

使用美白型的眼膜

对于有黑眼圈困扰的女生，就赶快敷上美白型的眼膜来淡化黑眼圈的暗沉状况，大约停留15分钟即可取下。

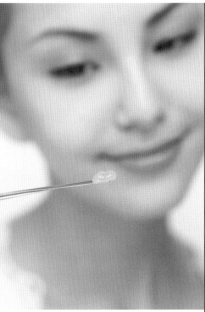

3 Process

眼周涂擦保湿眼霜

使用无名指蘸取适量的眼霜后，利用指腹的力量轻轻按压眼周肌肤，再由眼头往眼尾方向推抹开来。

4 Process

睡前加强使用眼周冻膜

眼周的晚安冻膜质地较为清爽，但却可以拥有很好的保湿效果。用量不需要太多，大约一颗绿豆大小即可。

5 Process

用无名指轻轻推抹眼周

在涂擦完眼霜等其吸收完全后，就敷上一层眼周晚安冻膜提升眼部滋润感！以无名指轻柔地按摩，并将冻膜薄敷在眼周。

摄影／赵志程；模特／昆凌；协力厂商／薇薇新娘婚纱；立伟钢饰；美梦成真钻石、梵谷饰品美学设计

让双眼立即**明亮**无瑕疵

青色黑眼圈篇

　　青色黑眼圈要用橘色系的眼部遮瑕产品来做修饰才能完美地遮盖住，遮瑕膏的使用量切勿过大，才会看起来更自然。

熊猫拜拜遮瑕棒

Process 1

选择橘色遮瑕品

　　青色的黑眼圈要使用对比的橘色系遮瑕产品来做遮盖。如果是黑眼圈颜色较深的人可以选择质地浓稠的膏状或是霜状来使用。

Process 2

直接遮饰在黑眼圈处

　　将遮瑕膏直接遮饰在黑眼圈的位置，最后请在容易形成暗沉的眼头与眼尾部位再加强一次。

RMK 水凝柔光蜜粉

Process 3

利用指腹轻轻涂抹开来

　　涂抹上遮瑕膏后，可以利用指腹将其轻轻地推抹开来。力道请尽量保持轻柔不要拉扯到肌肤。

Process 4

海绵按压使其更服帖

　　接着使用海绵再次按压一下刚刚遮饰过的位置，能让遮瑕的效果更自然，不会有结块或是不均匀的困扰。

Process 5

打亮眼下C字部位

　　为了让暗沉一扫而尽，可以利用打亮粉将C字部位做打亮。亮片不要挑选太大颗粒的才不会让眼部看起来浮肿。

摄影／赵志程　模特／Mamai　协力厂商／丽舍婚纱；梵舍饰品美学设计，立伟钢饰

充满光彩的眼部肌肤，
让你变身成目光焦点

咖啡色黑眼圈修饰篇

咖啡色的黑眼圈产生的原因，主要是由于彩妆卸不干净而造成的色素暗沉，熬夜、日晒等，也都可能造成咖啡色黑眼圈的产生。除了在保养上要多下工夫外，利用遮瑕的效果，来让咖啡色黑眼圈完美的消失吧！

粉底液

毛孔双效修修盒

Process 1
使用偏黄色调的遮瑕膏

正确地选择遮瑕膏色调，是进行黑眼圈遮盖的第一步！以偏黄色的遮瑕膏才能完美遮饰咖啡色的黑眼圈。

Process 2
涂擦在黑眼圈的边缘

很多人以为黑眼圈的遮饰是直接涂擦在黑眼圈上，这是绝对不可以的！沿着黑眼圈边缘涂抹，再以指腹按压上才是正确的方法。

蜜粉饼

RMK 柔光蜜采饼

Process 3
慢慢地将遮瑕膏加上

先涂擦薄薄的一层，再慢慢地将量加重一些，反覆这样的动作，才不会让妆感产生厚重的感觉。

Process 4
按压上蜜粉来定妆

为了不让遮瑕膏脱妆的速度太快，可以在最后使用一层蜜粉来加强定妆的效果，让妆感更持久。

Process 5
使用打亮粉来提亮眼周

将打亮粉使用在眼周部位，能让眼部更加明亮且会带来紧致的感觉。记得选择珠光粒子较小的打亮粉才不会让眼部产生浮肿的视觉感。

摄影／阿强；模特／舒玺；协力厂商：金纱梦结会馆、梵谷饰品设计美学

双眸重新展现
平滑的肤触与光泽

浮肿眼袋修饰篇

浮肿的眼袋常让人看起来很没有精神，或是容易呈现一种好像年纪比较大的印象。其实只需要利用深浅两色的底妆与遮瑕产品，就能让眼袋彻底消失！

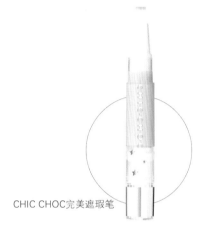

CHIC CHOC完美遮瑕笔

1 Process

打亮眼袋下方位置

首先在眼袋的下轮廓有阴影的地方，用比肌肤浅一色的遮瑕笔，画出细细的一条线，将下方的暗沉处打亮。

粉底条

2 Process

眼袋部位使用深色粉底

为了让眼袋看起来不那么明显，在眼袋隆起的部位，涂擦上比肌肤深一号的粉条来做遮饰。

3 Process

使用指腹按压

利用手指的指腹，在刚刚涂擦过遮瑕膏与粉底的部位轻轻拍打按压，利用手指的温度让遮瑕膏与肌肤更加贴合。

4 Process

压上与肤色相近的粉底

接着在眼部的肌肤上按压上与肌肤色调相近的粉底产品，会让整体的妆效更加自然。

蜜粉饼

5 Process

使用蜜粉定妆

同样是利用粉扑来轻轻按压。使用粉扑上蜜粉除了会使妆容比较持久外，也让遮瑕过后的部位不易脱落。

摄影／赵志程；模特／Yui；协力厂商／金纱梦结婚会馆；梵谷饰品美学设计、立伟钢饰

痘痘肌保养篇

痘痘产生的原因很多，不管是饮食或是日常生活习惯、甚至是保养品过于油腻等因素都有可能产生痘痘问题！现在就来教大家如何用保养肌肤来解决痘痘的烦恼吧！

让肌肤彻底远离
痘痘的困扰

1
Process

新肌澈白洁面乳

搓揉出绵密的泡沫

洗脸的时候要先在手上搓揉出大量的泡沫，接着利用泡沫轻柔地按摩脸部去除脏污。

2
Process

轻柔的按压化妆水

将沾湿了化妆水的化妆棉轻轻地按压在脸上！记得不要太边用力拍打，这对于痘痘肌肤而言反而是一种负担！

3
Process

新和汉净肌化妆水

使用痘痘专用单品

使用痘痘专用的保养品来呵护肌肤。选择无油的保养产品让痘痘肌肤使用起来更安心。

4
Process

包覆脸庞确认滋润度

在保养后利用掌温包覆一下脸部，除了可以确认肌肤的保湿感是否充足，也可以让保养成分吸收得更完全。

5
Process

舒缓红肿发炎的痘痘

对于红肿或是发炎的痘痘，想要使其复原的效果提升，可以在全脸保养后使用痘痘专用的精华产品来消除痘痘问题。

6
Process

利用棉花棒来涂擦

使用消除发炎痘痘的专用精华产品时，可以利用棉花棒将其涂擦在脸上，可避免手部触碰而产生细菌。

摄影／赵志程；模特／Maimai；协力厂商／丽舍婚纱、梵谷饰品美学设计、SGreen日货

让痘痘肌肤
看起来平滑无瑕

发炎红肿痘痘消除篇

红肿发炎的痘痘肌肤对于爱漂亮的女生来说绝对是影响外貌的因素之一。如何利用遮瑕的小技巧来把红肿的痘痘遮盖得不见踪迹，就让陈旻老师立即传授给你吧！

新晶莹气色饰底乳

 1 *Process*

用棉花棒蘸取黄色遮瑕膏

为了避免直接碰触到发炎的痘痘而导致痘痘状况愈演愈烈，可以利用棉花棒来蘸取遮瑕膏使用。

 2 *Process*

直接点在痘痘上

利用棉花棒直接将黄色的遮瑕膏点在红肿的痘痘上，来帮助调整痘痘的颜色。

 3 *Process*

轻轻地推抹开来

将干净棉花棒的一端轻轻地在刚刚涂擦遮瑕膏的位置延展开来，让遮瑕膏和肌肤自然贴合。

 4 *Process*

再次使用贴近肤色的遮瑕膏

选择与肤色贴近的遮瑕膏，轻轻点在痘痘四周，让痘痘痕迹彻底地消失，最后再用指腹按压均匀。

 5 *Process*

按压上蜜粉

再用粉扑拍上蜜粉，轻轻地按压在痘痘及其周围，让遮瑕膏与肤色完全融为一体就能自然地遮盖了。

摄影／赵志程；模特／Yui；协力厂商／仙度丽娜婚纱、梵谷饰品美学设计

瞬间拥有
透明无瑕疵的肌肤质感

暗沉痘疤遮瑕篇

　　对于已经产生暗沉现象的痘疤，因为该部位的肤色与整体肌肤不同，所以正确遮饰的方法是要以少量遮瑕膏慢慢叠擦，才不会让遮瑕部位看起来不自然。

先使用与肤色相近的遮瑕膏

　　利用棉花棒蘸取少量的遮瑕膏，减少手部与痘疤部位的直接接触。选用与肤色相近的遮瑕膏来为痘疤做初步遮盖。

轻点在暗沉的痘疤上

　　接着轻轻地点在痘疤上，将棉花棒以按压的方式将遮瑕膏涂擦在痘疤处，使遮瑕膏与肌肤融合。

将笔刷点在痘疤处

　　接着使用遮瑕专用的笔刷做更细致的修饰。同样使用遮瑕膏的量不要太多，遮瑕自然是关键。

用指温按压均匀

　　利用手指的指腹慢慢地将遮瑕膏轻轻推开，手指的温度使遮瑕更加贴合肌肤，也不会有厚重的问题。

使用蜜粉做最后定妆

　　为了使遮瑕更加持久，所以建议使用粉扑蘸取适量的蜜粉并且轻轻按在痘痘及其周围。

摄影／赵志程／模特／贝贝；协力厂商／仙度丽娜婚纱、梵合饰品美学设计

干燥问题一次解决，
打造出弹力水嫩肌

拯救干燥肌肤篇

　　肌肤干燥一直是让许多女性觉得困扰的问题。秋冬气温较低水气较少，所以很容易就会让肌肤感觉到缺水紧绷。而春夏则因为长期待在空调房中而导致水分流失得更快，一年四季都会有干燥的问题，所以一定要好好呵护才行。

保湿化妆水　　　　海洋保湿喷雾水

1
Process

洗完脸后喷上保湿化妆水

　　对于干燥肌肤的人来说在洗完脸后就要立刻补充水分！所以先要在全脸喷上大量的保湿化妆水。

2
Process

用面纸按压一下

　　接着利用面纸将脸上未吸收的水分稍微按压一下，再开始进行后续的保养步骤。

3
Process

全脸使用化妆水

　　全脸再次使用化妆水，化妆水的使用量要到整片化妆棉完全浸湿的状态才足够。

4
Process

超水感玻尿酸全效保湿精华液

涂擦保湿精华液

　　在全脸或局部特别干燥的地方，请再次加强涂擦保湿精华液来让保湿效果更优秀。

5
Process

水嫩奇迹冰泉水慕丝

颈部也要涂擦保湿乳霜

　　建议干燥肌肤的人在夜间使用质地浓稠的保湿乳霜来保养。颈部也要带到才不会因为干燥而产生纹路。

摄影／陈敬强；模特／亚兰；协力厂商／金莎梦婚纱、立伟钢饰、ORBIS、Q Momo精品

眼周干燥的紧急抢救保养篇

　　眼周的肌肤较脸部其他肌肤脆弱4倍，所以是非常敏感的，更需要花心思照顾。尤其是干燥问题，更是衍生更多眼部问题的起源，所以将眼部肌肤干燥的问题解决，才是首要的眼部保养任务。

眼周的保湿极为重要，
打造完美明亮的双眸

1

Process

将眼霜先在指腹搓热

想让眼霜的吸收度更好的话，就将眼霜先在指腹搓热持续约30秒的时间，接着再涂擦在眼周。

2

Process

从眼头部位开始按压

先从眼头部位开始轻柔地按压。不仅可以放松眼部的压力，也能紧实眼部的肌肤。

3

Process

从眼头往眼尾方向按摩

接着从眼头往眼尾的方向按摩。一样要利用指腹的力量，才不会大力地拉扯到眼周肌肤。

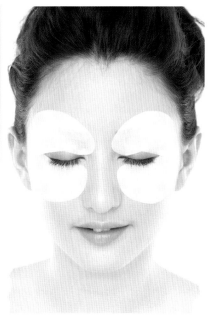

4

Process

停留在眼尾加压

涂擦眼霜之后，停留在眼尾并稍微施加一点力道按压，然后慢慢地转圈来按摩加压。

5

Process

使用保湿眼膜

跟保湿面膜一样能瞬间提供肌肤水分的保湿眼膜，对于有眼周干燥问题的人，建议每周使用1~2次。

6

Process

上眼皮也可以使用上眼膜

很多女生常会忘记上眼皮的肌肤也需要被保养。所以上眼皮也可以使用保湿眼膜来加强呵护。

摄影／赵志程；模特／Maimai；协力厂商／丽舍婚纱、梵谷饰品美学设计、SGreen日货精品

唇周干燥立即修护篇

　　唇部是非常容易缺水的部位，所以一定要靠唇部滋养产品来进行呵护。不只是气温下降，还有紫外线或是空调都会造成唇部水分含量下降。使用唇部的滋润保养步骤，让双唇不只水润还能粉嫩有弹性！

好像樱花般的
粉嫩弹性双唇

1

Process

蜂皇润唇霜

在唇部厚敷一层护唇产品

　　在双唇上厚敷上一层护唇产品，来帮助唇部肌肤获得滋润。可以选择质地比较滋润的护唇霜产品。

2

Process

覆盖上保鲜膜

　　首先将保鲜膜裁剪成适合唇部大小的尺寸，接着再将其紧密地覆盖在唇部上。

3

Process

乳油木极润护唇膏

盖上温热毛巾

　　将泡过偏热温水的毛巾，直接敷在刚刚粘贴保鲜膜的位置上，静置约10分钟左右。

4

Process

伊丽莎白雅顿－
八小时凝胶

使用指腹按摩

　　将残留在唇部上的护唇霜轻柔地按摩使其吸收，切勿大力拉扯，否则可能会造成唇周细纹的产生喔！

5

Process

玫瑰Q10
修护润护唇膏

护唇霜带到嘴角

　　最容易被忽略的干燥嘴角也一并带到，并在嘴角位置轻柔地加压，此动作还可以加强嘴角的紧致。

6

Process

特润美唇精华

最后再敷上一层护唇霜

　　最后再敷上一层护唇霜就完成了。若想要进一步加强唇部滋润感，就厚敷上一层护唇油吧！

摄影／赵志程；模特／筱兰；协力厂商／丽舍婚纱、莫谷饰品美学设计、立伟钢饰

全脸出油型肌肤解决篇

　　油性肌肤的人不管擦什么都会感觉到油腻不舒适。但如果不使用保湿产品来增加肌肤的水分，反而会让出油状况变得更严重！如何让肌肤清爽又能更有水嫩感呢？油性肌肤的你绝对要详读本篇。

立即打造，
水嫩不油腻的清爽肌

1

去除脸上多余角质

油性肌肤的人很容易因为油脂分泌过多而造成角质堆积。因此每周1~2次使用去角质产品来去除脸上的老废角质吧!

2

水嫩奇迹冰泉水慕丝

从油腻的部位开始去除

去角质产品一定要从油脂最丰厚的部位开始使用。先从T字区开始以轻柔方式转圈按摩,发际线部位也不要忘记。

3

鼻翼的位置也别忘记

对于特别容易产生黑、白粉刺的鼻翼位置,一定要加强使用! 力道同样要轻柔不需要太用力。

4

新·和汉净
肌化妆水

使用清爽型化妆水

从肌肤的基础保养开始,就要尽量选择质地较为清爽的产品,才不会造成出油的状况! 将全脸以化妆棉涂擦上清爽型的化妆水。

5

T字和油腻处涂擦上控油精华

最易分泌油脂的T字部位和其他感到油腻的部位,可以使用T字专用控油精华,除了能避免油脂分泌过剩,也具有收缩毛孔的效果。

6

净肌澈白化妆水

涂擦保湿凝胶给予肌肤水分

保湿的产品一定要涂擦才行,绝对不能让肌肤有缺水的状况产生! 使用质地清爽,但是保湿效果依然优秀的保湿凝胶涂擦全脸!

摄影／陈钺强；模特／舒玺；协力厂商／金纱梦结婚会馆、梵合饰品美学设计

局部出油问题解决篇

在中国台湾地区几乎有一半以上的女性的皮肤都属于混合性的肤质。也就是T字的部位容易出油，而两颊可能偏干。所以如果想让肌肤清爽就一定要选对方式，才能让控油与保湿同时获得平衡。

出油OUT！
立即拥有清爽不泛油光美肌

1

Process

丰润精萃保湿凝露

T字部位使用去角质产品

混合性肌肤的人在使用去角质产品的时候，可以针对容易出油的部位加强使用即可。

2

Process

全脸涂擦化妆水

使用大量的化妆水涂擦在脸部，春夏可以选择清爽型的化妆水，秋冬则可挑选较滋润的化妆水带来保湿效果。

3

Process

利用掌心包覆脸部

涂擦完化妆水后用掌心包覆脸部，让滋润成分深入肌肤底层，同时要确认一下使用量是否足够。

4

Process

保湿乳液

两颊涂抹保湿乳液

对于干燥的两颊可以使用保湿型的乳液来让肌肤获得滋润的效果。稍微转圈按摩能吸收得更完全。

5

Process

T字涂抹保湿凝胶

T字部位使用无油的保湿凝胶，一方面可以提供保湿效果，另一方面也能让肌肤感觉清爽不油腻。

6

Process

保湿紧致精华霜

最后使用面纸稍微按压

害怕肌肤有油腻感的人，可以用面纸将没有吸收的保湿液稍微按压一下，也能避免油脂过度分泌。

摄影／赵志程；模特／贝贝；协力厂商／仙度丽娜婚纱、梵谷饰品美学设计、立伟钢饰

037

脱妆＆出油肌肤紧急补救篇

　　眼周的肌肤较脸部其他肌肤脆弱4倍，所以是非常敏感的，需要花更多心思照顾。尤其是干燥问题，更是衍生眼部问题的根源，所以将眼部的肌肤干燥问题解决，就是眼部的首要保养任务了。

拥有仿佛刚完妆般的
无瑕彩妆

用面纸按压脸部

使用吸油面纸会让脸部的水分及油分一起被带走。利用面纸轻轻地按压在脸上出油的部位。

全脸喷上保湿喷雾

要让后续补妆的妆感更服帖的话，就赶快为肌肤补充水分吧！将保湿喷雾喷在全脸上。

蘸取蜜粉先按压在手背上

不要将蜜粉直接往脸上扑，会让妆感太过厚重。将蘸了蜜粉的粉扑先按压在手上，将多余的余粉拍除。

按压在T字部位

先按压在最容易出油的T字部位上。蜜粉的量也不要太多，才不会造成补妆后反而出油的状况。

眼皮上也按压上蜜粉

眼影容易结块或晕染的人，可以在眼皮上按压上蜜粉，就能有效减少这样的状况产生，像是鼻翼、眼角与嘴角等容易晕染的细致部位也别忽略！

用蜜粉扑轻轻拍打

这个步骤是为了使蜜粉与肌肤更加贴合，轻轻地拍打让定妆效果立即呈现！

摄影／赵志程；模特／Kiwi；协力厂商／丽舍婚纱、梵谷饰品美学设计

干燥型肌肤护理篇

　　尤其是在秋冬季节甚至是肌肤换季的时刻，对于干性肌肤的人来说可能会产生肌肤红肿瘙痒甚至是过敏状况。如何为肌肤补充足够的水分呢？在早晚保养时，添加滋润度高的保湿产品，来彻底呵护吧！

告别干燥肌肤！
水嫩弹力美肌立即呈现

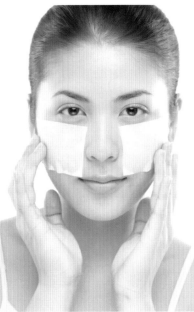

1 *Process* 保湿化妆水

选择保湿型化妆水

在保养的第一步"化妆水",可以选用保湿或滋润型的化妆水涂擦于全脸的肌肤上。

2 *Process*

两颊使用化妆水面膜

倒入大量的化妆水直到浸湿化妆棉后,将其敷在两颊约10分钟。如果是肌肤易敏感的人,约3~5分钟即可取下。

3 *Process* 金丝燕窝玻尿酸保湿修护精华液

保湿型的精华

能够加强肌肤补水效果的精华液,是干燥肌肤不可或缺的保湿圣品!在全脸先涂擦一次!

4 *Process* 保湿精华液

干燥部位再次加强

在脸上特别容易干燥的部位,就使用保湿精华再次加强。以避免干燥的肌肤产生缺水的情况。

5 *Process* 保湿乳液

保湿乳霜用掌心搓热

将保湿乳霜在掌心先搓热后再涂擦在脸上。可以让保湿乳霜的吸收力更强,也能减少黏腻感。

6 *Process* RMK焕肤修护凝霜

将乳霜按压在脸部

将涂抹乳霜的掌心以轻轻按压的方式点压在脸上。除此之外也可以稍微地带到颈部肌肤。

摄影／赵志程；模特／筱兰；协力厂商／丽舍婚纱

局部干燥脱屑保养篇

局部肌肤的干燥问题，常常会让人不知道该如何保养。如果用手将脱屑撕去，反而会让脱屑问题变得更加严重！现在就针对干燥的局部部位来加强保湿，彻底地修护肌肤吧！

实现闪耀着光泽的
水嫩肌肤梦想吧

整脸涂抹上化妆水

整脸先涂抹上化妆水提升肌肤的含水量。对于局部的干燥问题，在该部位使用较滋润的化妆水来涂抹。

净化修护双提拉面膜

在脱皮部位涂擦乳霜

对于害怕油腻感的人来说，在脸上先涂抹一次乳液后，脱皮部位则可涂抹上滋润度较高的乳霜来滋养。

轻柔按摩使其更容易吸收

以轻柔的按摩来让乳液与乳霜能瞬间被肌肤吸收。可以先搓热手掌再开始按摩，效果会更好！

深层修护保湿生物纤维面膜

全脸再涂抹一次乳液

待乳液与乳霜吸收约五分钟后，接着在脸上再涂抹一次乳液（约五元硬币大小的量），来加强保湿。

玫瑰Q10紧致面膜
露珠草玻尿酸舒压面膜

敷上保湿型的面膜

一周2次敷上保湿型面膜，使肌肤可以一口气提升滋润度。停留在脸上约15分钟时间即可！

用手转圈按摩使其吸收

最后将残留于脸上的精华，利用手指转圈按摩的方式，使精华更易被肌肤吸收。

摄影／赵志程；模特／Kiwi；协力厂商／丽舍婚纱、立伟钢饰

重展肌肤极致的

白皙光彩

泛黄肌肤抢救篇

　　泛黄的肌肤不仅仅对于挑选衣服的颜色有很多限制，甚至很多彩妆单品涂擦在脸上也不显色。如何让泛黄的肌肤能像天生自然的白皙肌肤般透出光泽呢，赶快看完本篇就能完全学会了！

选择浅紫色的饰底乳

　　紫色的饰底乳与黄色的肌肤是对比色所以能完美地调整泛黄的肤色。在颧骨、额头、下巴等部位涂擦上。

由内往外涂抹开来

　　轻轻地利用指腹的力量从内往外均匀地推抹开来，额头和下巴则可顺着肌肤纹理往外以放射状推开。

选择与肤色相近的粉底液

　　紫色饰底乳将泛黄肤色做了调整，所以粉底液如果选择太白就会看起来不自然，尽量挑选与肤色相近的粉底产品来涂擦，并用海绵按压。

将1/4的海绵蘸取粉饼

　　化妆海绵前端稍微对折，用其前端的1/4蘸取粉雾感的粉饼来定妆，连细致部位也能完整涂抹到。

按压上透明珠光蜜粉

　　将带点珠光的透明蜜粉用粉扑按压在脸上，不仅不会让肤色不自然，还能让肌肤散发出透亮的光泽。

摄影／赵志程　模特／贝贝　协力厂商／金莎梦婚纱会馆、立伟钢饰

完美修饰，
彻底改变偏黑肤色！

偏黑肤色
彩妆修饰篇

有些人偏黑的肤色是来自于天生的遗传，或是因为长期曝晒于紫外线下造成的。如何利用彩妆来为偏黑的肤色做修饰呢？赶快看完本篇，好好学起来吧！

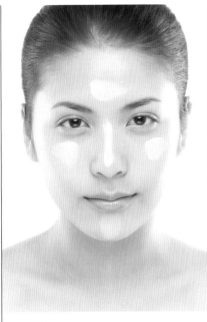

Process

1

首先挑选具光泽感的饰底乳

第一步要先将偏黑的肤色做修正。使用具有光泽感的明亮色饰底乳，依照颧骨、额头、下巴的顺序点上。

Process

2

以由内往外的方向推抹开来

使用指腹一口气将饰底乳由内往外推抹开来。额头和下巴的部位则以放射状推开即可。

Process

3

选择比肤色亮1~2色的粉底液

选择能提亮肤色的粉底液。选择比肤色亮约1~2色的粉底液，轻轻拍打按压使其与肌肤更贴合。

Process

4

最后刷上珠光效果的蜜粉

最后使用具有珠光的蜜粉刷在全脸上。在T字部位可以加强提亮一下，能带来五官立体深邃感。

摄影／赵志程 模特／妓兰 协力厂商／丽舍婚纱、点睛品

蜜桃般的粉嫩肤质，
为白皙肌肤更添迷人气息

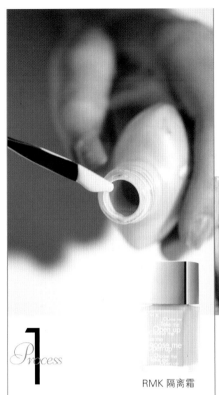

1
Process

RMK 隔离霜

选择粉红色的饰底乳

为了让过白肌肤增添些许粉嫩感，在妆前先使用粉红色的饰底乳来调整过白的肤色。

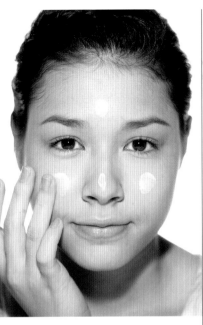

2
Process

依序涂抹在脸上

不要整片式地涂抹在脸上，这样反而容易产生色调不均匀或肤色过红等妆况。依照颧骨、额头、下巴的顺序点上。

3
Process

由内往外轻轻推抹开来

依照肌肤的纹理顺着推抹。脸颊的部分以由内往外的方向推抹开来，额头以及下巴位置则可呈放射状均匀推开。

4
Process

选择略偏粉色调的粉底液

在粉底液的选择上，也是以略偏红色或粉肤色的色系，来增添肌肤的红润感。利用指腹轻轻地按压使其更服帖。

5
Process

细致部位利用海绵前端来推抹

很多女性容易忘记要涂抹的鼻翼、眼角与嘴角的部位，可以将海绵的前端折起来涂擦，会更加容易。

6
Process

使用粉饼局部定妆

最后蘸取适量的粉饼按压在容易脱妆的部位，记得量不要太多，这样才会让妆感看起来薄透。

摄影／陈敏强；模特／舒玺；协力厂商／金纱梦梦结婚会馆、梵谷饰品美学设计、SGreen日系精品

告别暗沉肤色

展现健康光泽

泛黄肌的
唇色选择篇

泛黄的肤色在选择唇彩产品时一定要特别小心，色调一旦挑选不对就会使肤色更加暗沉。挑选偏裸色调的唇彩产品，才能让泛黄肤色看起来有健康的感觉。

Process 1
RMK 琉光唇采笔02

选择裸色调的唇彩

挑选裸色调的唇膏来提亮肤色的健康度。若是选择过于鲜艳的色彩，会让肤色的亮度下降，要特别注意。

Process 2

不刻意描绘唇部轮廓

利用手指的指腹将唇膏轻轻推晕开来，按压超出唇峰的轮廓线位置创造出不刻意的轮廓。

Process 3

使用唇刷蘸取唇膏描绘

为了让唇膏在色调上色能显得更加均匀，可以选择使用唇刷，蘸取裸色唇膏适量地涂擦。

Process 4
RMK 诱光唇蜜 H-01

涂擦光泽感唇蜜

最后在涂擦上具有光泽感的裸肤色唇蜜或是透明唇蜜，来提升双唇的丰厚度。

摄影／赵志程；模特／Kiwi；协力厂商／丽舍婚纱、梵谷饰品美学设计、立伟钢饰

偏黑肤色彩妆篇

　　肌肤偏黑的人其实不一定会跟暗沉画等号。所以在彩妆的描绘方式上也有所区别。肤色较黑的人只要在唇部彩妆上挑对色调、做好修饰，就可以让肤色有明显的提亮效果。

健康肤色也能变身
透亮有光泽

 Process

玩色蜜口红PK01

选择豆沙或裸棕色唇膏

可以修饰偏黑肤色的色调就是豆沙色或裸棕色的唇膏。过度鲜艳的色调反而会使肌肤变得更显暗沉。

 Process

修饰唇周的暗沉感

将打底的唇膏薄薄地涂擦在唇上来修饰唇周偏黑的肌肤，也可以涂擦在整个唇上再用指腹推抹均匀。

 Process

用唇刷仔细描绘唇边

肤色偏黑的人唇部的色调一定要看起来干净才会让清洁感上升！利用唇刷仔细描绘唇周也能让色调更均匀。

Process

玩色诱唇冻-橘色

将指腹蘸取唇膏来涂抹

为了让唇部的色调仿佛自然天生的唇色，可以利用指腹蘸取唇膏用点压涂擦在唇上。

摄影／陈敏强；模特／亚兰；协力厂商／金纱梦婚纱会馆、梵谷饰品美学设计

看起来泛白而无气色的唇色可
是会让人望而却步，而且唇色在整
体彩妆上占了很重要的比例。因为
不管眼妆画得的多好，如果唇色看
起来暗淡无光，反而会让妆容大打
折扣！所以画出漂亮的唇色与唇部
轮廓，才能让你大受欢迎。

粉嫩诱人的唇色
令人忍不住想一亲芳泽

1

Process　玩色蜜口红RD01

选择带有玫瑰色的唇膏

挑选非常适合东方人使用的玫瑰色唇膏。玫瑰色调的唇色，可是能一举提升肌肤的明亮度的。

2

Process　RMK 琉光唇采笔01

用唇线笔描绘唇部轮廓

对于唇部不够立体的人，可以使用唇线笔先将唇部的轮廓描绘出来，再开始涂擦唇膏。

3

Process　CHIC CHOC樱美姬诱唇蜜

利用唇刷来涂擦唇膏

唇刷能让唇膏在唇部上的显色更均匀，而且也能顺着唇部轮廓线来描绘出圆润的双唇。

4

Process　RMK 诱光唇蜜P-01

涂满整个唇部

接着将整个唇部都涂擦上唇膏。唇部线条较不明显或是立体感不足的人，记得在上下唇峰处再次加强。

摄影／赵志程；模特／昆凌／ViVi薇薇新娘Bride、美梦成真真钻石、梵谷饰品美学设计；协力厂商

立体小脸效果立现

圆形脸型修饰篇

圆形脸的人很容易给人带来孩子气的感觉。但如何才能让脸型变得小巧精致呢？那就得靠颊彩的涂刷方式、深色修容与打亮三步骤来彻底改变圆脸印象！

RMK 琉光修容04

1 Process

以刷斜方式涂刷腮红

圆形脸的人切忌再将腮红以画圆的方式来涂刷，画圆涂抹会让脸部变得更圆润。以斜刷长型颊彩方式，来让脸型肌肉往上移。

2 Process

从额头沿发际线做修饰

使用深色修容，从额头沿着发际直到太阳穴位置，将脸部的宽幅做修饰，达到小脸的效果。

RMK 柔光蜜采饼

3 Process

耳下、下巴也要修饰

耳下、下巴的位置通常是圆形脸女生看起来圆润的重点。所以在该部位一定别忘记要用深色修容来做修饰。

4 Process

最后将骨骼突出位置打亮

最后要做的就是拉长脸型。因此要在额头中央与下巴中央位置做浅色的打亮，就能改变圆形脸型。

摄影／赵志程　模特／可青　协力厂商／丽舍婚纱、梵谷饰品美学设计

充满甜美氛围的可爱脸庞

瞬间降低距离感

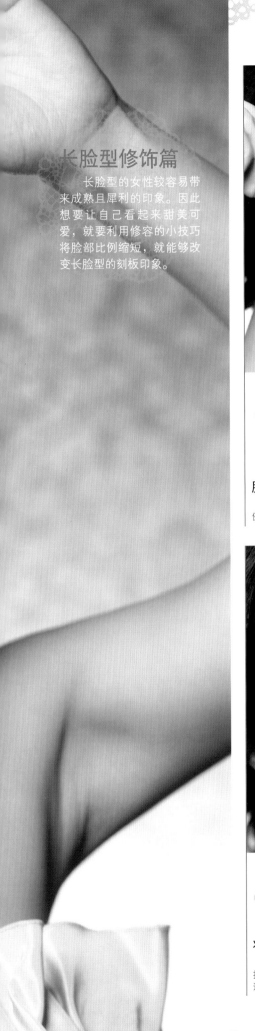

长脸型修饰篇

　　长脸型的女性较容易带来成熟且犀利的印象。因此想要让自己看起来甜美可爱，就要利用修容的小技巧将脸部比例缩短，就能够改变长脸型的刻板印象。

1
Process

RMK 琉光修容03

腮红以横向来刷拭

　　为了让长脸型的肌肉看起来左右宽幅的比例能变小，腮红以横向的方式来刷拭。

2
Process

利用深色修容产品缩短脸部比例

　　将深色的修容产品涂刷在额头与下巴部位，将较长的脸部比例缩小，营造出可爱的感觉，并且弥补脸型太长的缺点。

3
Process

将打亮产品横刷颧骨上方

　　若想要让脸部浑圆饱满感更加明显，就利用打亮产品横刷在颧骨上方，直接刷拭在刚刚涂刷过腮红的部位，这样一来也能提升光泽感。

4
Process

RMK 柔光蜜采饼02

打亮鼻根、眉心与太阳穴

　　将这三个部位使用打亮产品轻轻刷拭，让五官的视觉印象往脸部中间更加立体地集中，就能模糊掉长脸感！

摄影／陈敬强；模特／王善贤；协力厂商／仙度丽娜婚纱、梵谷饰品设计美学

轻松打造出

细致完美小脸

角度脸型修饰篇

脸型不够完美难道一定要靠微整型才能达到修饰的效果吗？对于那些爱美又害怕痛的女生，就用彩妆来做脸型瑕疵的修饰吧！简单几个步骤就能让你拥有迷人小脸。

RMK 琉光修容01

RMK 柔光蜜采饼05

1 Process

利用圆形颊彩营造甜美可爱感

在两颊的笑肌处，也就是颧骨最高的位置上晕刷上圆形的腮红，可以平衡看起来严肃且有角度的脸庞。

2 Process

额头两侧、太阳穴位置也要刷上颊彩

为了让整体的视觉效果看起来更加柔和，将刷子上残留的粉刷拭在额头两侧和太阳穴的位置。

3 Process

将腮骨与颧骨下方做深色修容

有角度的脸型通常是腮骨与颧骨轮廓特别明显，因此将这两个部位刷上深色修容，让角度看起来圆润一些也可以让脸部轮廓充满女人味。

4 Process

打亮T字部位

将T字部位整个刷拭上打亮粉，以此做出脸部的立体感。此方法也能将原本腮骨的突出效果转移掉。

5 Process

鼻子正中央的位置也要打亮

为了要模糊掉方脸感，而让脸部立体感集中，将鼻子中央的部位轻轻刷拭上打亮粉。

摄影/赵志程；模特/Yui；协力厂商/仙度丽娜婚纱、立伟钢饰

如何打造圆眼篇

看起来无邪的洋娃娃浑圆眼是
很多女性的梦想！利用睫毛夹、局
部假睫毛与睫毛膏三种产品就能打
造出完美的浑圆眼妆效果。

注目力百分百
浑圆洋娃娃双眼

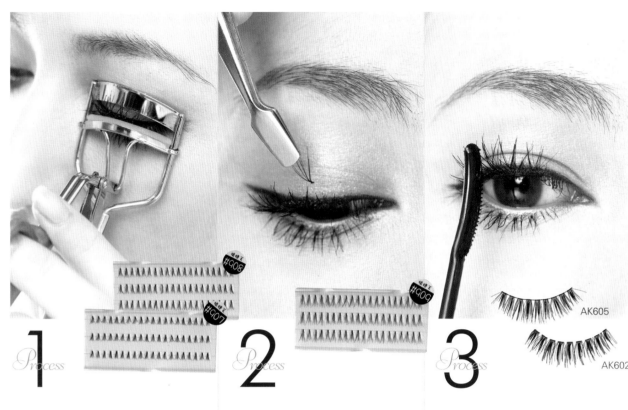

1

将睫毛分三段夹翘

利用睫毛夹将睫毛夹翘。可以分成睫毛根部、中间、尾部三个部位来将睫毛彻底地夹翘。

2

加强中央打造浑圆感

将局部式的假睫毛使用在瞳孔中央的位置让浑圆效果更加明显。也可以将整副式的假睫毛剪成约5等分来当成局部假睫毛使用。

3

直立式刷涂睫毛膏

以直立的方式来刷涂睫毛膏。在瞳孔的正上方位置特别加强，使圆眼效果更明显，也能让睫毛根根分明不纠结。

4

将假睫毛与真睫毛密合

再次使用局部专用的睫毛夹来夹一次，让假睫毛与原生的睫毛密合度更加自然地卷翘。

5

使用局部式假睫毛

为了使洋娃娃的浑圆双眼效果提升得更明显，一样是在瞳孔正下方的位置使用局部式的假睫毛。

6

刷涂上睫毛膏

最后刷涂上睫毛膏就完成了，对于下睫毛比较稀疏的人可以将刷头直立来刷涂。

摄影／赵志程 模特／Maimai；协力厂商／丽舍婚纱、梵仑饰品美学设计、恺志美容材料行

从去年一直延烧到现在依然大
受欢迎的"长型眼眸"绝对是你必
学的眼部彩妆。不只可以让眼部线
条看起来更加柔美，也能增添女人
味，让存在感大幅提升！

让注目度立即提升的

迷人长型眼眸

1 Process

AK601
AK603

将睫毛分段式夹翘

从睫毛的根部、中间、尾端分三个部位将睫毛彻底地夹翘。尤其是在尾端的部位可以稍微往上拉提施力。

2 Process

A8
A5

描绘黑色内眼线

在眼睑上画一条细细的黑色内眼线，睫毛与睫毛间的空隙处以点压的方式将黑色眼线涂满。

AK614

3 Process

AK619

将紫色眼线拉长

在靠近睫毛根部的位置从眼头往眼尾描绘上紫色的眼线，眼尾处将眼线笔顺着往后拉长约0.5～1厘米的长度即可。

4 Process

AK606
AK609

黏贴上前短后长的假睫毛

为了让长型眼更加明显所以黏贴上前短后长的假睫毛来拉长眼型。可以先固定瞳孔上方位置，再将两侧粘贴起来。

5 Process

A1
A3

使用局部夹让真假睫毛自然融合

想要让假睫毛更加自然的人就千万不要忘记这个步骤，利用局部式的假睫毛让原生睫毛与粘贴的假睫毛自然融合。

6 Process

AK615

最后刷涂上睫毛膏

以Z字型的方式从睫毛的根部往尾端刷涂睫毛膏。眼尾的部位可以稍微往后拉提，让眼尾睫毛往外卷翘。

摄影／陈敬强；模特／亚兰；协力厂商／梵谷饰品美学设计、恒志美容材料行

让双眼拥有无法忽视的
强烈存在感

加强眼神的
下睫毛教学篇

睫毛绝对是决定一个人的双眼是否有神的关键！要提升眼神力量，那就要看下睫毛了。赶快学习如何使用下睫毛吧！绝对能带来焕然一新的视觉效果。

AK607

AK681B

AK680B

Process 1

AK622B

先将整副的假睫毛做修剪

如果不使用局部式的假睫毛，可以用整副式的假睫毛，将其以固定的长度剪成一段一段。

Process 2

将睫毛夹出漂亮的弧度

反手利用睫毛夹，将自己的睫毛先夹出往外并且往上翘的漂亮弧度。可以以分段式睫毛根部、中间、前端的方式来夹。

Process 3

利用镊子将假睫毛固定

使用假睫毛专用的镊子，将假睫毛一小撮、一小撮地贴在下眼皮的位置。记得要贴在越靠近睫毛根部的地方才会越自然。

Process 4

B1

B2

再次使用睫毛夹

接着再次使用睫毛夹将自己的睫毛与假睫毛夹合一次，使其能更贴合。创造出仿佛原生睫毛般的美睫。

Process 5

B3

刷涂睫毛膏

先以直立的方式左右来回刷涂睫毛膏，接着再以上下的方式刷涂一次，强调睫毛存在感。

摄影／陈敬强；模特／舒玺；协力厂商／金纱梦结婚会馆、梵谷饰品美协设计、恒志美容材料行

Part2

新娘身体保养
＋
彩妆篇

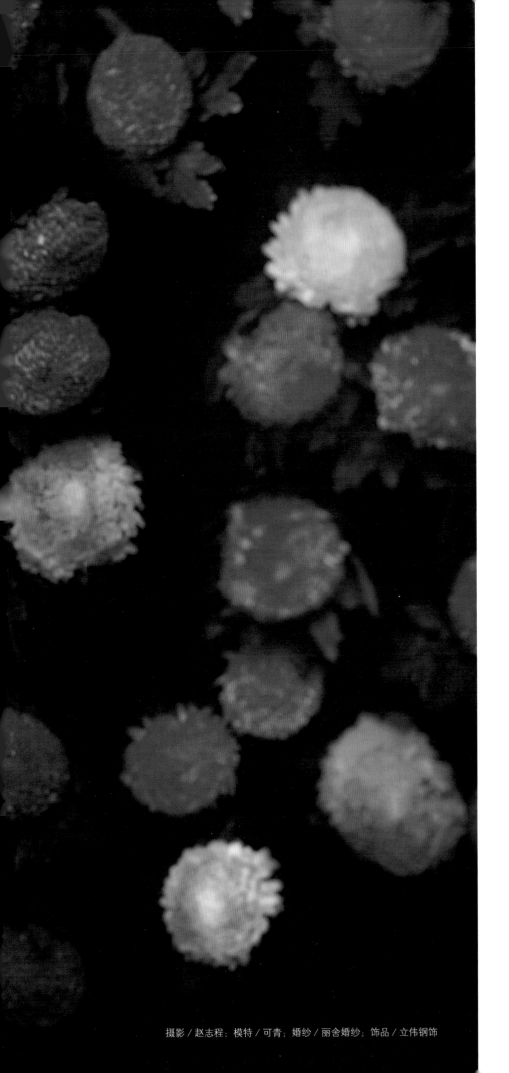

窈窕有致的曲线，源自对爱情的坚持，
用轻盈的身段，迎接最重要的那一刻

摄影／赵志程；模特／可青；婚纱／丽舍婚纱；饰品／立伟钢饰

手部篇

贵妃美肌SPA

为了在戴上结婚戒指时有一双柔嫩的玉手，
手部要以加强保湿为主，
选用贵妃美肌SPA，最主要是所有商品内都富含丰富的荷荷芭油、米禾油、杏仁油、维生素A与维生素E，
在每一道保养的程序中不断给予肌肤油分与水分。
（部分新娘会想要加强美白，则可以自己在家里做美白敷膜）

摄影／赵志程；模特／小郁、Kiwi；婚纱／丽舍婚纱；饰品／梵谷美学饰品设计；
疗程提供／海吉儿手足Spa馆

1 浸泡精油

以荷荷芭油、米禾油与杏仁油为主的金黄色精油，富含有丰富的维生素A、维生素E，可以加强指缘的保湿与指甲的强韧度，这个步骤可以避免在交换戒指时让新郎看到干燥且充满干皮的指缘，也可以让新娘在敬酒时让来宾看到一双纤纤玉手。

3 去角质

以糖粒为主的去角质霜混合精油，在去除老废角质的同时达到保湿的效果，特别加强手肘关节部分，因为手肘关节最容易堆积老废角质，谁都不想在华丽浪漫的礼服转身后让人看到干燥泛白的手肘吧！

护手霜

2 贵妃牛奶浴

在精油中加入热水使之乳化成为牛奶浴，让新娘在保养时也拥有贵妃般的享受，做完牛奶浴就已经可以明显感受肌肤的柔软度了！这个步骤也可以全身使用（在浴缸中倒入精油加入热水），为一生中最重要的日子做最奢华的准备。

4 珍珠敷膜

金色光泽的珍珠敷膜，给柔嫩的肌肤大量的油分与水分。

5 按摩

放松手部的肌肉并加强乳液的吸收。

6 精华霜

手部专属的精华霜，锁住肌肤的油分与水分。

左：玫瑰Q10细白手足霜
中：乳油木极润手足霜
右：蜡菊赋活手足霜

足部篇

经典深层足部护理

多数的新娘在婚前总是忙着准备各种结婚事项，张罗大小事务，心理与生理都备受考验，这时，来次足部保养吧！
除了可以美化双脚，更可以消除腿部的疲劳，
还能舒缓婚前的紧张压力。

摄影／赵志程；模特／小郁、疗程提供／海吉儿健康美甲概念馆；婚纱／仙杜丽娜婚纱；
饰品／梵谷美学饰品设计

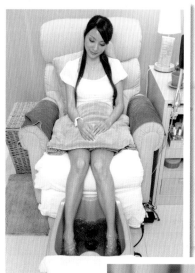

2 去角质

如同脸部肌肤需要去角质一样，足部的肌肤同样也需要，去完角质后的肌肤感觉较明亮柔嫩，也有助于接下来的精油与精华液的吸收。

1 足浴

进行足部保养前，足部的清洁与消毒很重要，而足浴除了可以清洁消毒外，还有利于腿部的血液循环。

左：玫瑰Q10嫩白润肤乳
中：蜡菊赋活润肤乳
右：乳油木极润身体乳

3 精油按摩

选用以丝柏为主成分的精油，可以消除腿部的肿胀感；而柠檬的精油可以提供美白效果；薄荷则能提振精神。

4 涂抹精华露

以柠檬嫩白精华液、葡萄子青春精华露加强足部的美白与保湿效果。

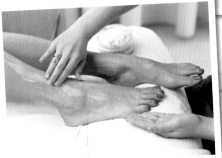

6 高效保湿乳霜

最后于双脚上涂抹高效保湿乳霜，把水分紧锁在皮肤里。

5 美白敷膜

以薄荷为主要成分的敷膜，一方面能舒缓腿部，一方面达到美白的效果，不少新娘也会为了露背的礼服而准备一套敷膜回家敷背喔。

左：玫瑰Q10细白手足霜
中：乳油木极润手足霜
右：蜡菊赋活手足霜

身为新娘可不能忽略任何一个细节，
支撑全身体重的双腿你注意到了吗？
简单的足部保养，让你在婚礼中大胆展露美腿

指甲篇

手部保养六步骤

搞定了礼服、发型，可别忘了双手，举办仪式、敬酒、送客，从婚礼到婚宴的过程中，双手可是主角之一呢！只要每周利用15～20分钟（最佳时间为沐浴之后），就可轻轻松松、舒舒服服在家呵护您的双手。

摄影／陈敬强；模特／善贤；疗程提供／E-nail水指甲

1

使用"美甲小护士（PPG）"，于指缘处与指面涂抹后并按摩使之软化。

NOTE：
建议可于洗完澡后使用，指缘软化与吸收效果更佳。

2

使用"指甲造型木推（S）"斜端面卷取少许棉花后，轻轻沿着指缘将多余指甲干皮角质往后推。

3

再用尖角端刮除指甲前端（指甲缝）中污垢。

4

使用"四用图腾抛光棒（SP）"修整指型与磨短指甲。

NOTE：
使用四用图腾抛光棒时以#1于指片边缘以45至90度角向指片中央轻磨，采用同一方向，不要来回推。

6

最后再次洗手后，搭配"美甲小护士（PPG）"涂抹于指缘并再次按摩指缘、指面与手部关节，可加强滋养与保湿。

NOTE：
建议使用后待吸收完全后再洗手，也可再搭配"护手霜"来延长保湿时间。

5

使用"四用图腾抛光棒（SP）"依顺序步骤平整晶亮指面。

NOTE：
抛光晶亮指面：#2平滑指面或指面上的污点（必要时）；#3加强平整指面；#4晶亮指面。

腋下篇

美白保养

细微处的保养更能看出新娘的细心程度！
多数新娘都容易忽略腋下保养的重要性，一般而言，
腋下肌肤最容易出现暗沉、毛发修整不仔细及发炎泛红
的问题，视状况加以处理才能当个零缺点新娘。

摄影／詹艺铭；模特／Grace；场地／Yoga珈恩馆

1
按摩清洁，
温水与蒸汽软化
角质。

2
温和去
除角质，使
肌肤柔嫩白
净。

3
注入美白保湿能
量，减少摩擦力。

4
运用夹子
或除毛刀仔细
去除腋毛。

5
冷水或喷
雾镇定肌肤，
使毛孔收缩。

6
持续补水，
维持肌肤弹性与
白净魅力。

背部篇

雕塑赘肉

女人总是想当完美的新嫁娘，除了彩妆、婚纱、造型，连身体线条也不能忽视，尤其是背部，经常因为姿势不正确，以及疏于锻炼的关系，往往容易出现赘肉，而穿起礼服的线条也不够完美，通过简单的动作，加强锻炼背部肌肉，让你360度都完美。

摄影／詹艺铭；模特／亚兰、Kiwi；婚纱／VIVI薇薇新娘Bride；饰品／梵谷美学饰品设计；场地／心之芳庭庄园婚礼

1
平坐于地双脚并拢脚尖朝上，双手合十夹住书本置于胸前。

2
将书本举至头上，然后腰不动利用肩膀及后背力量向左右两边弯曲。

3
双手夹住书本向身前平举与视线同高，然后平举向左右两侧移动。

4
身体站直，双手从背后夹住书本将书往上举，双臂不要弯曲。

5
双脚打开与肩同宽，弯腰向下尽力将书本从胯下向后送出。

每个动作不要使用腰部力量，而是通过背部力量带动大臂运动，连续做5次后稍做休息，调整呼吸让肌肉放松。

背部篇

暗沉保养

当背部的线条通过运动紧实了之后，别忘了肌肤质感也是重要的一环，平常清洁时除了仔细清洁之外，也要记得定期去角质。去角质时请视肤质而选择适合的产品，并以温和的力道画圆清除，接着，还得使用身体保养产品才算完成。

摄影／詹艺铭；模特／小郁、Kiwi；婚纱／VIVI薇薇新娘Bride；饰品／梵谷美学饰品设计；协力厂商／心之芳庭庄园婚礼

1
洗澡时不能忽略背部，彻底清洁每寸肌肤。

2
取适量的去角质产品，在背部以打圆的方式清除角质。

3
冲净后将水分擦干，敷上美白冻膜为角质保湿并注入美白能量。

4
静置10～15分钟后，将冻膜清洗干净。

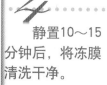

5
喷上化妆水，收敛毛孔并保持角质保水度。

6
均匀地擦上身体美白乳液。

背部篇

痘痘保养

由于背部肌肤多半被覆盖在衣服内，如果遇上气候湿热，一不小心就容易产生痘痘问题，最佳的预防方式就是定时去角质，如果已经有了痘痘，那么具有抗痘与抗疤效果的身体喷雾就是必备的保养产品之一了。

摄影／詹艺铭；模特／小郁、Kiwi；婚纱／VIVI薇薇新娘Bride；饰品／梵谷美学饰品设计；协力厂商／心之芳庭庄园婚礼

1
清洁时，将沐浴乳搓揉彻底起泡，才能碰触肌肤开始清洁。

2
洗完澡将热毛巾敷在背上，运用蒸气使毛孔打开。

3
使用去角质产品轻轻按摩背部肌肤，防止皮脂堆积产生粉刺痘痘。

4
使用具有抗痘及抗疤的身体喷雾，使痘痘快速消肿。

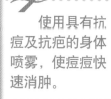

5
选择预防痘痘生成的爽肤水轻拍在背部肌肤，收缩毛孔并去除疤痕。

6
选择质地清爽的乳液保持肌肤的水分与柔嫩触感。

背部篇

痘痘与暗沉保养法

当背部的暗沉与痘痘还来不及改善，婚礼日期却已经到来时该怎么办？好的遮瑕修饰技巧是唯一的改善之道，利用粉底液与比肤色略深一号的遮瑕膏，再使用蜜粉定妆、亮粉强调肌肤质感。

摄影／詹艺铭；模特／亚兰、Kiwi；婚纱／VIVI薇薇新娘Bride；饰品／梵谷美学饰品设计；场地／心之芳庭庄园婚礼

1 上妆前先以身体调理水为背部肌肤补充水分达到滋润的效果。

2 在背部使用防晒产品，避免痘痘与痘疤接受日晒而产生暗沉。

3 选择比肤色略深一点的遮瑕膏轻点于痘疤周围，并轻轻推开。

4 使用付合肤色的粉底液来均匀背部肤色。

5 蜜粉定妆。

6 身体亮粉可让肌肤透出微微的光泽感，看起来更加柔嫩光滑。

摄影／詹艺铭　模特／九亚兰、小郁　婚纱／VIVI薇薇新娘Bride
饰品／林谷美学饰品设计、SGreen日系精品　场地／小之家庭庄园婚礼

手臂篇

手臂太粗运动雕塑法

由于缺乏定期运动的习惯，许多女性的上臂肌肉往往是松弛的，这样的手臂穿起无袖设计的礼服时，视觉效果总是差一点，所以，别忘了通过简单的瑜伽伸展，紧实上臂肌肉。

摄影／詹艺铭；模特／Grace Yoga珈恩馆

1 跪坐鹰式手部

- 臀部跪坐脚跟，背部伸直拉直脊椎。
- 左手肘在下，右手肘在上，掌心对掌心。
- 吸气将手肘向上抬高，停留5次呼吸，吐气时慢慢将手松开放下，再换另一边。

2 跪坐两手背后互握

- 臀部跪坐脚跟，背伸直拉直脊椎。
- 吸气右手往上延伸拉长手臂。
- 左手帮忙右手肘往中间集中。
- 左手吸气延伸绕到身后，两手互握，停留5次呼吸之后慢慢松开换另边。

3 坐姿延伸手臂

· 脚一前一后骨盆摆正坐姿，左手掌贴地，吸气右手向上延伸。
· 吐气身体往左边倒，延展右手臂与侧身。
· 左手向下推让右坐骨向下，左右臀平均坐稳，胸口保持朝向天空，5次吸吐完成再换另一边。

4 站姿夹砖块十字练习

· 双脚与臀同宽站姿，手掌夹砖块。
· 吸气双手向左。
· 吐气回到中间，吸气向右。
· 吐气回中间，吸气向上 。
· 吐气回中间，吸气向下，重复5次。

胸部篇

美胸的运动

摄影／詹艺铭；模特／亚兰；婚纱／金纱梦结婚会馆；饰品／SGreen日系精品；场地／新社庄园；场地／Grace yoga珈恩馆

1 坐姿扩胸

· 脚一前一后坐姿，双手十指
互扣在背后。
· 肩膀向后转，吸气胸口往前
推，停留5次呼吸。

 肩立式

· 平躺双手在身侧，掌心朝下，双脚并拢带到头后方。
· 双手十指互扣，肩膀向后转，胸口往前推，进入锄犁式。
· 保持手肘往中间集中，双手扶腰。
· 吸气将一腿向上延伸。
· 另一腿跟着延伸向天空，脚趾用力张开，脚往上踩，10次
呼吸再慢慢回到锄犁式，脊椎一节节滚回地面。

塑身衣篇

美体雕塑法

谁不想在婚宴上拥有最完美的身型，让宾客们称羡！？
婚前的运动计划如果效果不如预期，新娘们对自己的身形还是有些不满意，或是觉得自己有些姿态不是那么完美，那么，为了穿上婚纱展现玲珑有致的身材，在一生中最重要的时刻呈现最完美的自己，就在婚纱内穿上塑身衣来帮衬吧！

摄影／詹艺铭；模特／小郁；婚纱／金纱梦结婚会馆；饰品／梵谷美学饰品设计；场地／新社庄园；协力厂商／华歌尔（亦娟经理提供）

1 穿上礼服可别出现副乳

针对副乳问题，建议新娘们选择侧边高肋剪裁设计的商品，抑或是搭配胸托商品，借以增强侧边稳定性及包覆性，使得腋下更服帖、更显瘦，然而在高肋剪裁设计下，腋下肌肉被包覆的面积加大了，为避免身体湿气重而产生的闷热不适感，因此在选择高肋侧款式时，建议选购具有吸湿排汗、防臭抗菌功能的材质，以提升穿着时的舒适度。

2 姿态不佳就用塑身衣辅助矫正

不良坐姿、站姿等所产生的驼背问题及背部赘肉，其实都可以通过塑身衣的帮助来解决，可以选择肩胛骨间有X档布的塑身衣来将肩部往后、胸部向前提拉，有助收紧背部，让背部挺直，防驼背效果增强，附加多支撑腰软钢条设计，在从上到下挺直背脊的同时，也担负着随时反映支撑的力道，相对地也让正面的胸部更加挺，使婚宴当天的形象更完美。

3 紧实腹部&浑圆臀部立即实现

穿着贴身的晚礼服时，除了胸前线条外，臀部与腹部线条也很重要，谁都不希望突出的腹部和松弛的臀部出来抢镜！建议新娘利用塑身内衣重拾挺翘紧实的臀部；以及选择具有立体缩腹设计的塑身衣，利用双重档布的拉力，向腹部赘肉加压使其向内集中，达到腹部塑形的目的。

胸部篇

乳沟阴影画法

要能撑得起礼服，上围线条不能忽略，
天生不够丰满的新娘们无需担心，运用内搭BRA创造丰满感，
以及使用彩妆小技巧强调乳沟，
就能让胸部线条在视觉上显得更漂亮。

摄影／詹艺铭；模特／亚兰、可青；婚纱／金纱梦结婚会馆；饰品／梵谷美学饰品设计；场地／新社庄园

1

用比肤色深
1～2号的眼影粉勾
勒胸线，于胸部上
方制造立体感。

2

小刷子蘸取
较肤色深1～2号
的粉雾质感眼影
粉，加深乳沟处
阴影。

3

胸部上方
也需以粉雾质
感眼影粉勾勒
出线条。

4

用蜜粉刷
加以晕染，模
糊深浅两色的
界线。

臀部篇

美臀的体操

因为久坐与缺乏运动，造成多数女生的臀部显得松弛，所以会有扁平感，穿起礼服便缺乏优美的线条，想要拥有美臀线条，就一起跟着尝试瑜伽运动，让松垮臀部变身翘臀吧。

摄影 / 詹艺铭；模特 / Grace；场地 / Yoga珈恩馆

1 椅子式＋站姿前弯

- 站姿，双脚与臀部同宽，吸气臀部向后坐，大腿接近平行地面。
- 吸气双手向上延伸，椅子式停留5次呼吸。
- 吐气向下前弯。
- 吸气手指点地头抬一半，脊椎延长，膝盖保持微弯。
- 臀部再往后坐回到椅子式，双手向上延伸，停留5次吸吐。

2 牛面式

· 膝盖跪与臀同宽，手掌贴地在肩膀下方，四足跪姿。
· 右膝盖往前，左膝在右膝后方对齐，脚背贴地臀部自然向外打开。
· 吸气将上半身伸直，尾椎骨自然向前卷，停留5个呼吸，再换另一边。

3 坐姿前弯

· 双腿伸直并拢，脚趾用力，脚往前踩，背直，脊椎伸长。
· 吸气双手向上拉长。
· 吐气肚子向内收，手去抓脚掌（或用毛巾勾住脚掌，手抓毛巾）。
· 吸气背伸直，脊椎延长，吐气保持脊椎延长慢慢前弯（停在脊椎延伸的高度即可，开始拱背时必须停止前弯往下），停留5次呼吸。

臀部篇

减少臀部的橘皮与松弛

形体的锻炼并非一朝一夕，
必须在婚期前至少三个月拟定并实行规律的运动计划，
持之以恒地确切实行，
才能达到身形雕塑的目的。

摄影／詹艺铭；模特／Grace；场地／Yoga珈恩馆

1 桥式

- 平躺膝盖弯曲脚掌踩地，脚掌与臀同宽，尽量保持脚掌内八，手可摸到脚跟，膝盖与臀同宽。
- 吸气双腿用力脚掌向下，将臀部抬起，双手背后互握，肩膀向后转，胸口推出去。
- 下个吸气再将臀部抬高多一些，尾椎骨卷向天空，胸口打开，停留5次呼吸，手松开后身体慢慢回到地面，再重复做2~3次。

2 椅子式

- 双脚与臀同宽站姿，肩膀放松向下，手在身侧，背直脊椎伸长。
- 吸气臀部向后坐，重心放在臀部，大腿几乎与地面平行。
- 双手往上延伸，身体直立，不拱背，停留5次呼吸。

3 鸽式

- 从下犬式进入，吸气将右脚往前。
- 左膝盖放下之后，调整右腿的位置，小腿平行于瑜伽垫前方，脚掌内勾。
- 微调骨盆保持与地面平行，左右坐骨平均，左腿保持中立不歪，脚趾站起，脚跟往后。
- 吸气手点地脊椎延长。
- 吐气向下前弯，手臂延长，额头点地，右臀往回拉，左臀往前，保持内在力量。

腿部篇

去除美腿浮肿体操

越来越多的新娘能接受短摆设计的礼服，
尤其是拍摄婚纱照时能呈现出与长摆礼服迥然不同的俏丽感，
这时，可别忘了提前塑造双腿线条！
同样以瑜伽运动针对腿部加以锻炼，让美腿不只是梦想。

摄影／詹艺铭；模特／Grace；场地／Yoga珈恩馆

1 跪姿单腿前弯

· 四足跪姿，手与肩同宽，膝盖与臀同宽，站住脚趾，脚跟立起来。
· 吸气右腿往前，脚跟踩地，脚趾指向天空，脚掌用力踩出去，右臀往后拉，将腿伸直，延展腿后侧，停留5次呼吸再换另一侧。

2 下犬式-弓箭步-三角式

· 从下犬式进入，手脚掌向下，臀部往天空，重心放双腿，脊椎拉长背拉直，肚子内收，膝盖微弯，脚与臀同宽，手比肩稍宽一点点。
· 吐气右脚往前放在两手中间，前脚跟对齐后脚足弓。
· 右手指站立在右肩正下方，右脚踝外侧，左手叉腰，吸气前腿伸直，骨盆和胸口朝向天花板。
· 左手向上延伸，保持两脚掌向下平均踩稳，双腿伸直，胸口打开，停留5次呼吸，再回到下犬式，换另外一侧。

下犬式 - 弓箭步前弯

- 从下犬式进入，手脚掌向下，臀部往天空，重心放双腿，脊椎拉长背拉直，肚子内收，膝盖微弯，脚与臀同宽，手比肩稍宽一点点。
- 吸气右脚往前放在两手中间。
- 后脚跟向下，脚掌转45度，手指点地在肩膀下方，前脚掌两侧。
- 吸气头抬延伸脊椎，右臀向后拉，左臀往前，脚掌踩稳。
- 吐气向下前弯，重复前弯动作5次，再回到下犬式，换另外一边。

腿部篇

美腿的肌肤弹力体操

多数新娘在婚前总是忙着准备各种结婚事项，张罗大小事务，心理与生理都备受考验，这时，来次足部保养吧！
除了可以美化双脚，更可以消除腿部的疲劳，
还能舒缓婚前的紧张压力。

摄影 / 赵志程；模特 / 小郁婚纱 / 仙杜丽娜婚纱；饰品 / 梵谷美学饰品设计

躺姿抬腿

- 平躺，吸气右膝弯曲，双手环抱右小腿，右脚掌回勾，延展小腿后侧，保持左脚趾用力，脚掌踩出去，停留3次呼吸。
- 吸气右腿向上延伸，脚掌用力踩向天空，双手抱大腿后侧。
- 用毛巾勾住脚掌，右手抓毛巾，左手放左髋骨。
- 吐气右脚往右侧打开尽量伸直，左手提醒左臀没有离地，停留5次呼吸。
- 吸气右腿带回中间，松开毛巾换另外一边。

2 船式

- 坐姿，膝盖弯曲脚踩地。
- 毛巾勾脚掌，双手抓毛巾，吸气双脚向上抬起伸直双腿，脚掌用力往回勾，延展小腿后侧，背伸直不可拱背，停留5次呼吸。

3 躺姿抬腿+交叉扭转

- 平躺双手打开掌心朝下。
- 吸气双脚并拢往上延伸，脚尖往回勾，脚趾用力，脚掌踩出去，保持肩颈放松。
- 膝盖弯曲，右膝跨过左膝。
- 上半身不动，将双腿倒向左边，保持肩膀在地面，5次吸吐之后，双腿带回松开再换边。

摄影／詹艺铭；模特／亚兰、小郁；婚纱／金纱梦结婚会馆；饰品／梵谷饰品美学设计；场地／新社庄园

Before Wedding
婚礼前的特殊保养

场地 / 心之芳庭

纤纤十指，款款柔情，
为未来指引名为幸福的路

摄影／赵志程；模特／玉琳；婚纱／VIVI薇薇新娘Bride；饰品／梵谷美学饰品设计

微笑线与胯下暗沉
保养篇

摄影／赵志程；模特／可青；婚纱／丽舍婚纱；饰品／梵谷美学饰品设计

1
Step

首先，清洁身体肌肤。

2
Step

略微擦干后，
取适量的去角质产品。

3
Step

以轻柔的力量，
以画圆的手势为微笑线与胯下
暗沉部位去角质。

4
Step

将去角质产品清洗干净后，
为肌肤涂抹上身体美白乳液。

干燥的头发

日常保养篇

摄影／赵志程；模特／昆凌；婚纱／仙杜丽娜婚纱；饰品／梵谷美学饰品设计

Step 1 用温水冲洗头发，洗掉残留在头发上的灰尘、脏东西、头皮屑等。

Step 2 先将洗发露倒在手上，再滴一些水在上面，轻轻搓揉，让洗发露开始发泡后，再涂抹在头发上（非头皮上）。

Step 3 彻底清洁头发后，取适量的润发乳放在手上，先由发际着手，从发根开始涂抹，再顺势往头发末端涂抹。

Step 4 将头发尾部分为小束，以指腹轻轻揉捏按摩，增强吸收力。

Step 5 涂抹完毕之后，用大量清水冲洗，直到黏稠感消失为止。

Step 6 毛巾包住头发轻轻地拍吸掉多余水分，再用低温弱风吹头发，同时用另一手去翻动头发，如此，风才能吹到头发深处，连头皮也能充分干燥。

天然麦蛋白润发乳

天然麦蛋白洗发露

干燥的头发
紧急抢救保养篇

摄影／赵志程；模特／筱兰；饰品／梵谷美学饰品设计

Step 1 洗完头发后用大毛巾将头发包起来，然后轻轻按压，慢慢擦干。

Step 2 头发擦半干后（以不滴水为原则），将头发分成几撮，以大拇指及食指轻按、由耳下高度头发抹到发尾的方式，均匀涂抹发膜。

Step 3 将发膜停留发上3～15分钟，过程中使用热毛巾加浴帽包裹头发。

Step 4 运用吹风机在距离头部20厘米处吹整个头顶，使头部整体加温。

Step 5 取下毛巾和浴帽后，用温水洗掉发膜（不能用洗发露！否则护发效果会被抹杀）。紧接着，在湿发上使用润发乳，再冲净。

Step 6 将头发吹半干，依个人发质所需，抹上头发保湿液或柔亮液，滋养发梢并形成保护膜！

天使柔亮发妆露　瞬效护发精华

头皮部位
保养篇

摄影 / 赵志程；模特 / 可青；婚纱 / 丽舍婚纱；饰品 / 梵谷美学饰品设计

Step 1
在洗发前，取约1元硬币大小分量的纯榄发根复活油，运用指腹轻轻搓揉按摩于干燥的头皮。

Step 2
前额发际及后颈发际等部位，皆须细心地处理。

Step 3
按摩后请先静置约3分钟，待有效成分完全渗透进毛孔中后，再以温水彻底冲净。

Step 4
以拇指与食指夹捏头皮各处，可以醒脑并且刺激头部穴位，放松紧绷的头部神经。

Step 5
将五指张开，轻轻抱住头部，以手的温度温热头皮。

Step 6
用手指贴着头皮顺着头发向下拂，导回被向上带的血液。

天使柔亮发妆露

摄影／赵志程；模特／昆凌；珠宝提供／美梦成真；饰品提供／梵谷饰品美学设计；婚纱提供／VIVI薇薇新娘Bride

Part3

头部的其他装饰

Chic Style

Front

Side

Side

摄影／赵志程；模特／谢若梅；礼服提供／丽舍时尚婚纱；饰品提供／梵谷饰品美学设计

用爱情编织出皇冠，荣耀我们的未来

Romantic Style

Front

Back

Side

摄影／赵志程；模特／小郁；礼服提供／仙度丽娜婚纱；饰品提供／立伟钢饰

飞舞的微卷长发，
轻轻缠绕住专属的爱情

Sweet Style

Front

Side

Side

摄影／赵志程；模特／贝贝；礼服提供／金纱梦结婚会馆；饰品提供／立伟钢饰、梵谷饰品美学设计

犹如仲夏夜里的小仙女，
嬉戏于繁花间

Pretty Style

Front

Side

Back

摄影／赵志程；模特／昆凌；礼服提供／VIVI薇薇新娘Bride；饰品提供／梵谷饰品美学设计

微笑，甜美而真诚，
一切来自于你给的快乐

Cute Style

Front

Side

Side

摄影／赵志程；模特／昆凌；礼服提供／VIVI薇薇新娘Brid

嘴角的微笑，是缤纷璀璨记忆的诠释

Front

Retro Style

Back

Side

摄影／赵志程；模特／Kiwi；饰品／梵谷饰品美学设计；礼服提供／丽舍婚纱

股股期盼，名为幸福的那一刻向我走来

Individual Style

Front

Side

Side

摄影／赵志程；模特／筱兰；饰品／梵谷饰品美学设计；礼服提供／丽舍婚纱

为未来坚持着，
为爱情而奋斗吧

Front

Back

Side

Classical Style

摄影／赵志程；模特／可青；饰品提供／立伟钢饰；梵谷饰品美学设计；礼服提供／丽舍婚纱

在彼此之间牵系着的，不只是爱情，还有誓言

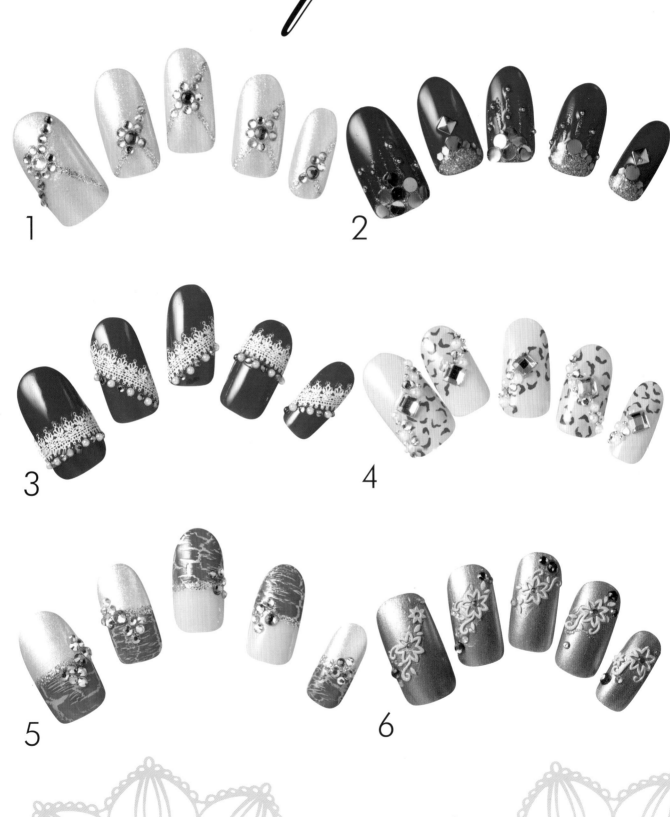

1

2

3

4

5

6

摄影／赵志程；模特／Kiwi；婚纱／丽舍婚纱；饰品／梵谷美学饰品设计；美甲示范／瑞亚时尚美甲

Luxury 奢华指彩篇

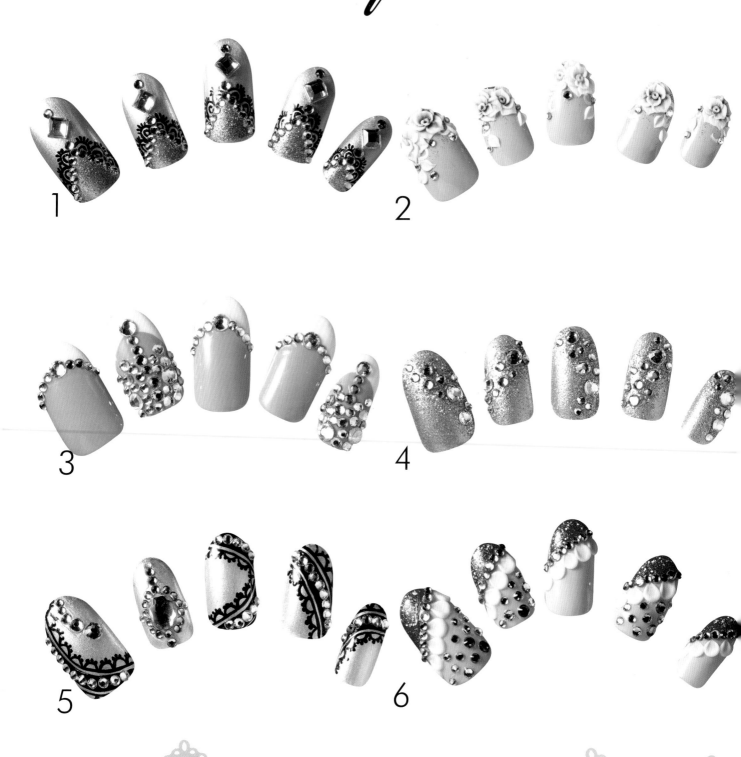

1

2

3

4

5

6

摄影／赵志程；模特／昆凌；珠宝提供／美梦成真；婚纱／VIVI薇薇新娘Bride；饰品／梵谷饰品美学设计、立伟钢饰；美甲示范／瑞亚时尚美甲

$\mathscr{S}weet$ 甜美指彩篇

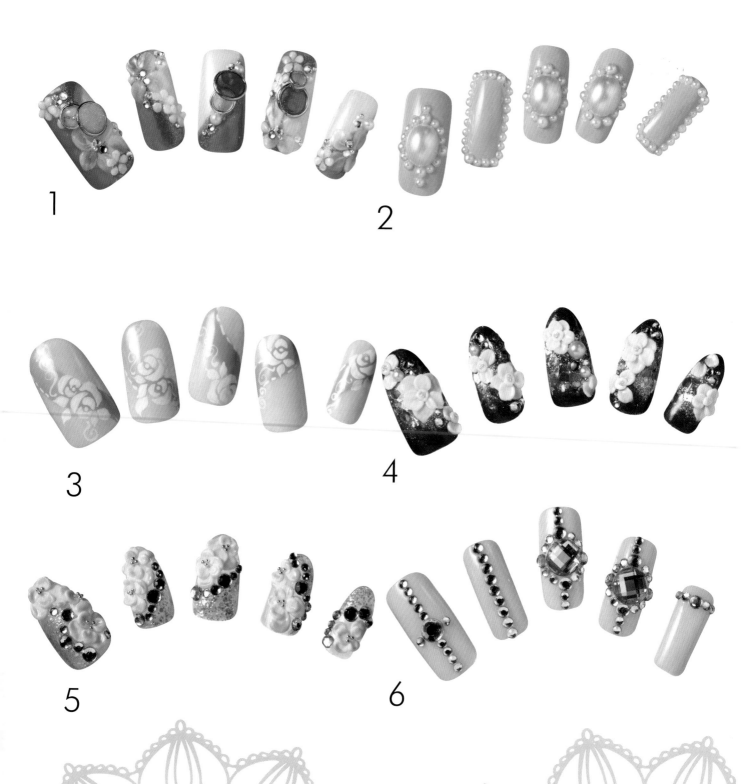

1

2

3

4

5

6

142

摄影／赵志程；模特／玉琳；婚纱／VIVI薇薇新娘Bride；饰品／立伟钢饰；美甲示范／瑞亚时尚美甲

Elegant 优雅指彩篇

1

2

3

4

5

6

摄影／赵志程；模特／可青；婚纱／丽舍婚纱；美甲示范／瑞亚时尚美甲

场地／心之芳庭

Part4

饰品篇

两心相依，璀璨光芒见证不朽爱恋，
夺目光辉承载着幸福的重量

摄影／赵志程、陈敬强；模特／昆凌、亚兰、王善贤、李玉琳；婚纱／VIVI薇薇新娘Bride、金纱梦结婚会馆、仙度丽娜婚纱；珠宝提供／点晴品

DIAMOND
——钻石篇——
珠宝提供 / 点睛品

由186颗钻石编织而成，其水滴状的钻石垂坠，优美圆润的线条将美丽向下延伸，在女人颈间的丝绒肤质上华丽出演。

华丽款钻石戒指，主石重约1克拉，周围镶嵌278颗小钻点缀，创造出浪漫又华丽的视觉效果。

以完美对称形制，展现具编织感的瑰丽钻石项链，以400颗钻石镶串而成，依侬在颈间更显柔美特色。

在主钻旁围绕着多颗钻石，一颗一颗连接成串，如同女人在耳畔细语呢喃令人陶醉，垂坠状设计，让钻石闪耀在颈间，展现女人性感一面。

The Love Diamond安特卫普钻石博物馆系列，糅合经典与现代手法，呈现出独特的浪漫情怀，采用超完美切割的The Love Diamond，如同一件魅力四射的艺术品，让心爱的她闪耀着迷人钻光。

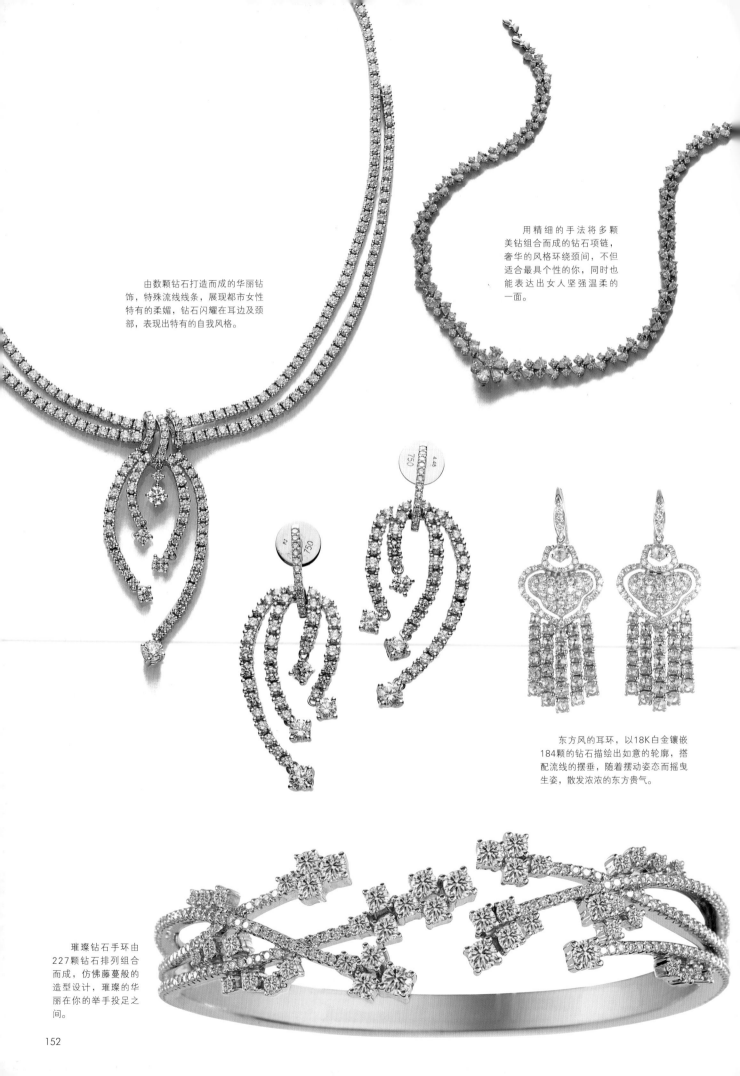

由数颗钻石打造而成的华丽钻饰，特殊流线线条，展现都市女性特有的柔媚，钻石闪耀在耳边及颈部，表现出特有的自我风格。

用精细的手法将多颗美钻组合而成的钻石项链，奢华的风格环绕颈间，不但适合最具个性的你，同时也能表达出女人坚强温柔的一面。

东方风的耳环，以18K白金镶嵌184颗的钻石描绘出如意的轮廓，搭配流线的摆垂，随着摆动姿态而摇曳生姿，散发浓浓的东方贵气。

璀璨钻石手环由227颗钻石排列组合而成，仿佛藤蔓般的造型设计，璀璨的华丽在你的举手投足之间。

PEARL

珍珠篇

珠宝提供／点睛品

尊贵的南洋金珠，散发出令人心醉的金色光芒，戒台围绕60颗小钻，更烘托出珍珠尊贵的非凡魅力。

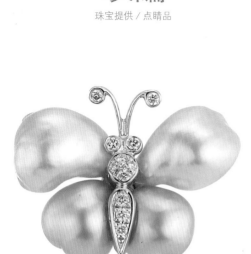

点睛品Hodel珍珠独一无二的特性和浑圆温润的光泽，简单的点缀在女性耳上，呈现出女性特有的气质。

Hodel金珠散发出丝绒般金色光泽，再以钻石烘托出她的尊贵非凡魅力，让她散发出令人心醉的金色光芒。

Hodel耳环，浑圆、饱满、散发透亮光泽的珍珠，周围以小钻点缀，衬托出珍珠优雅脱俗的高贵气质。

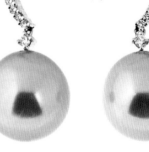

Hodel别针，来自意外的变形珠，设计师运用珍珠特有外形，设计出独一无二的蝴蝶别针，让珍珠幻化成蝴蝶，承载着你童趣的梦想，飞舞在美丽的花园。

Hodel戒指，单颗珍珠戒指设计，诉说出珍珠不但珍贵且独一无二的特色，优雅且带时尚感，戒台镶嵌了14颗钻石，让指间闪耀出绝代风华。

凸显珍贵且稀有的大溪地黑珍珠风采，运用钻石流线爪台嵌握单颗珍珠，展现高贵且内敛的气质。

来自大溪地的稀有黑珍珠，是南海法属波利尼亚境内盐湖的特产，以钻石点缀搭配的耳环，雪白衬托着典雅的黑，更增添女性气质。

如果说钻石令女人闪耀夺目，那么，珍珠则是女性温柔婉约的另一面。从海洋孕育出的浪漫与光彩，让珍珠拥有独一无二的光晕与美态。

每颗变形珠的长相都不一样，比起完美圆润的珍珠，多了一份戏剧性。由多颗珍珠交错编织而成的华丽项链，就如同海洋在耳边细语呢喃，宁静、神秘且优雅的气质，勾住女性细腻且捉摸不定的心。

珍珠浑圆温润的光泽，即便是简单地垂坠在耳旁，都能衬托女性特有的优雅气质。

以每颗长相都不一样的变形珠，镶在以97颗小钻组合而成的漩涡造型镶台，珍珠就像调皮的孩子在漩涡镶台上游戏，透出珍珠每一个角度的光滑细致。

GOLD
—— 黄金篇 ——

珠宝提供 / 点睛品

黄金婚嫁套组：比翼双飞，利用黄金的柔韧及华丽的线条造就出两人交织相缠的情意，表达出爱情让人千回百转的纯美特质，寓意两人用爱将彼此融合，共同编织出甜蜜美好的未来。

黄金婚嫁套组：绝代风华，利用黄金的柔韧勾勒丰富华丽的线条，凸显出女性雍容华贵的面貌，呈现出新娘高雅贵气的特质。

黄金婚嫁套组：心心双喜，运用柔韧的黄金勾勒出的"囍"字，呈现出中国风典雅的魅力，展示了新婚双喜的祝福及喜悦。

典雅，用黄金打造出甜美的蝴蝶结，完美表达出女人心中可爱纯真的一面，除表现出女人心底渴望浪漫幸福的童稚，更表达出恋人们永结同心，长相厮守的甜蜜誓约。

比翼双飞，利用黄金的柔韧及华丽的线条造就出二人交织相缠的情意，表达出爱情让人千回百转的纯美特质，寓意两人用爱生活，共同编织出甜蜜美好的未来。

心心双喜，运用柔韧的黄金勾勒出的"囍"字，呈现出中国风典雅的魅力，展显出新婚双喜的祝福及喜悦。

绝代风华，利用黄金的柔韧勾勒出枝芽翠艳的瑰丽线条，凸显出女性雍容华贵的面貌，呈现出新娘高雅贵气的特质。

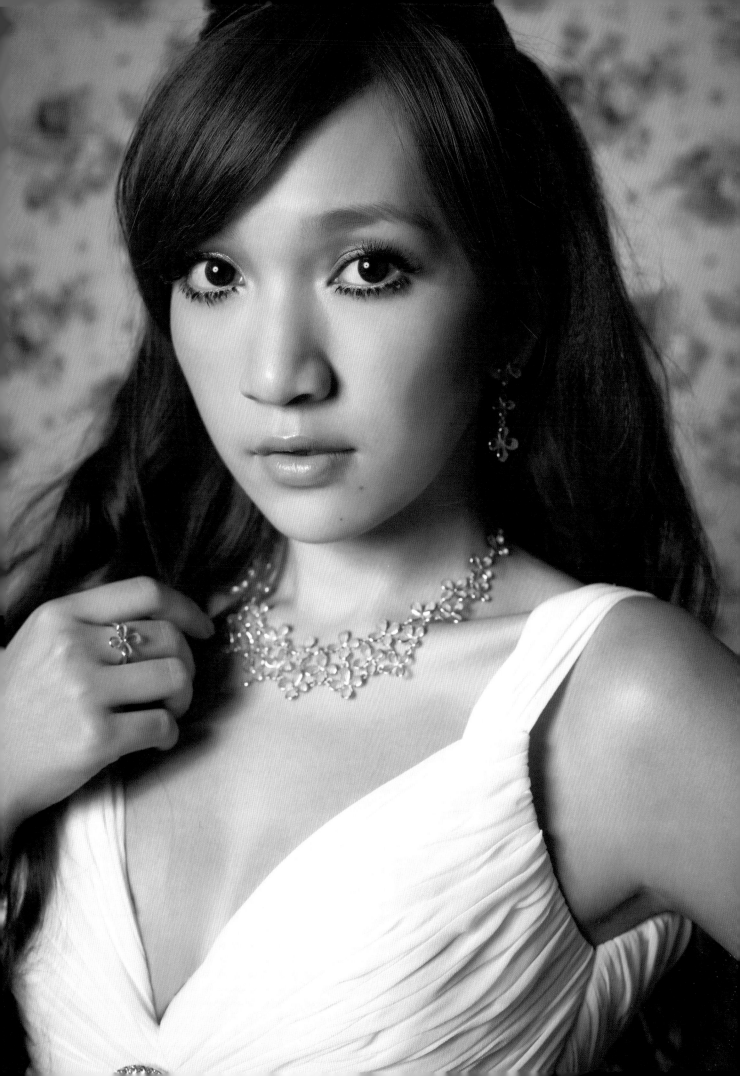

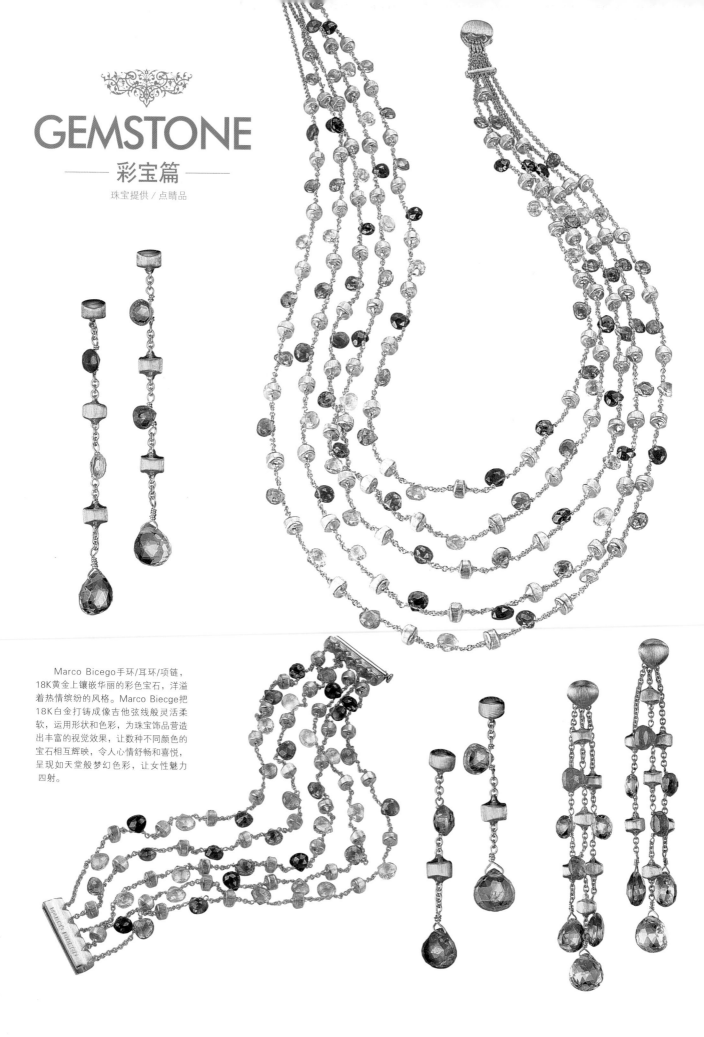

GEMSTONE
—彩宝篇—
珠宝提供 / 点睛品

Marco Bicego手环/耳环/项链，
18K黄金上镶嵌华丽的彩色宝石，洋溢
着热情缤纷的风格。Marco Biecge把
18K白金打铸成像吉他弦线般灵活柔
软，运用形状和色彩，为珠宝饰品营造
出丰富的视觉效果，让数种不同颜色的
宝石相互辉映，令人心情舒畅和喜悦，
呈现如天堂般梦幻色彩，让女性魅力
四射。

Candy坠饰/耳环/戒指，
色彩缤纷的彩宝，如同糖果般
甜美透亮，最适合每位欲彰显
自我风格的女性，让彩宝成为
一整年最佳的造型饰品，画龙
点睛的效果，让你成为众人
焦点。

幸福花嫁现场

心之芳庭（庄园婚礼）
Wedding Flowers Deco

166

英喆✕诗妤

玉玲✕瑞峰

佳蓉╳旭璇

主桌

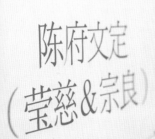

陈府文定
（莹慈&宗良）

莹慈✕宗良
Wedding Flowers Deco

馥瑋╳柏均
Wedding Flowers Deco

淑敏╳东记

幕后花絮

朋友的话

初次接触昱卉，是在工作场合里，偌大的化妆间，她客客气气地跟我讨论，不知为何，之后几乎是固定的合作模式。跟昱卉合作时，会有很安心的感觉，不只是作品，只要经过她的彩妆雕琢过后的女生，绝对拥有完美的肤质，清澈的大眼，她的笔触细腻，能画出女生最美的一面。如果要我来介绍昱卉，她的作品绝对不是难以接近的冷酷绝美，绝对能够画出每个女性最柔美的一面，作品中的温暖唯美，我想原因是来自于她对彩妆的热爱，用爱完成每件作品，我相信，只要看见了她的作品的人，就能和我一样拥有同样的感受。

—— *SW*杂志主编／嘉伟

做杂志这行，每次的拍摄工作都是分秒必争，很少有放松的时刻。但无论是跟小卉的好交情，还是从身为菜鸟编辑时就建立的情感，只要是彩妆，第一个选择就是小卉！每次合作不需要太多的沟通，她总是能够懂我要的美感，从而用她的细心与专业帮我完成！

—— 《薇薇新娘》杂志主编／佳蓉

天啊，小卉要出书了！天啊，她邀我写序！天啊，怎么那么荣幸啊！认识小卉好多年了，只能说她是个超级认真的造型师，而且非常清楚知道自己的目标在哪里，努力往前冲！对于身为编辑的我来说，能跟自己有"默契"、"互动佳"、"有信赖感"的造型师合作是非常重要的，小卉就是！

今天她要出书了，除了开心还是开心，希望她继续朝着成立"陈氏国际企业"之路迈进！

—— *COCO*杂志主编／蔡明华

昱卉，拥有一双为她人美丽而生的巧手，她总是细心又耐心地完成每件工作，成为模特圈、编辑们，甚至是新娘的御用彩妆师！真开心她将与我们分享多年来的工作心得与秘笈，一定要去买她的书！

—— *Mina*总编辑／莉惠

因为与杂志配合的关系我认识了旻卉。旻卉的彩妆风格干净利落，不失美丽的力量，加上动作快、有效率，所以编辑们都很喜欢与她合作。有了默契的配合所激发出的火花，所以令人十分赞赏。

这次《青文》非常荣幸能帮旻卉出书，不只是完成她的梦想，也为我们带来了新的作品。这本书最棒的是，它能够满足想要追求时尚品位、又想要拥有纯真美感的新娘们，这正是现在市场所缺乏的——真正适合亚洲女性的新娘美容书，旻卉做到了！

——《青文》副总编辑／陈纯仪Olga

跟旻卉已经合作好长一段时间了。跟她合作时总是让我感到轻松又放心。轻松的是她那温柔又开朗的态度，总是令我在紧张忙碌的拍照工作中感到放松。放心的原因则在于她细心又精致的彩妆技巧，不管我有多难的要求，她都可以完全招架得住且完美呈现！现在在大家的深切期盼中，她终于出了这本非常具有实操性的新娘彩妆保养书。我想这本书绝对会替每位新娘打造出最美丽的新娘妆容，且连身体的保养与发型都一并囊括了！绝对是每个女生都必须拥有的一本变身美丽的宝典！

—— VIVI总编辑／怡宁

说到被我昵称为"妈妈"的旻卉，总有种安心感，不仅仅因为她彩妆上的专业，而是她真的就像是妈妈般面面俱到：就连服饰搭配、拍摄氛围等细节她也会特别注意，让拍摄成果更臻完美。这一份细心，相信你在她集结心血推出的这本全方位新娘化妆保养书中也能体会到。一生一次的大日子，你可不想被藏在细节里的魔鬼给破坏了吧！从婚前保养到喜宴妆容，许多平常不会注意到的细节，让旻卉"妈妈"帮你一一解决！

——《时报周刊》编辑／Ruby

和旻卉认识近五年，平常在杂志工作配合上有着很好的默契，因此一辈子一次的婚礼准备也超放心交给她。从挑婚纱开始旻卉就很专业仔细地和我讨论并给我建议，因为我不喜欢与许多新娘有太相同的东西，所以无论是拍照还是宴客当天的造型，旻卉都想尽办法让我与众不同，直到现在有朋友看到我的婚纱造型都问我是找谁做的，询问度超高！专业、亲切、好沟通，又能把握高流行度，这就是她和别人不同的地方。

—— Beauty杂志美容资深编辑／曾怡嘉

当你看过这本书之后会大大松一口气，接着感谢旻卉的用心，即将成为新娘的你一定会有书中的困扰及需求，人人都希望自己是最美、状态最好的那一位待嫁公主，买了它绝对不会让你后悔，因为它实在是太实用啦！

——《天下》杂志文字编辑／莹慈

艺人 / 杨祐宁

  其实我很不喜欢化妆！可是有时候作息不正常，难免会有痘痘、眼袋之类的问题，又加上男生的手有时候总是比较不小心，就又在脸上弄出个疤。但是，小卉姐就是有办法帮我"急救"，在最短的时间内用最淡最薄的妆，让喜欢熬夜又不注重保养皮肤的我，最后能肤色均匀健康地上镜，让我在第一时间充满自信。

  以前的我认为不管是彩妆，还是平日的保养，总觉得一个男生在脸上还要擦擦抹抹很没有男人气，但小卉姐用她的方法改变我的观念，她总是能了解我皮肤的状况，还教我如何简易却又能达到效果的保养，以保持自己最好的状态。

  与小卉姐合作也有五年多了，她是个细心、严谨又亲切的工作伙伴，我相信她这本书一定能带给读者们充满自信的每一天。

艺人 / 路嘉怡

　　女孩儿从小时玩着扮家家的时候，总爱在头上披块美丽的蕾丝布，幻想着自己成为新娘子的模样。那一天，究竟什么时候会到来呢？小小的心不禁想着。

　　后来，我谈了几场恋爱，有开心甜蜜的，也有心碎悲伤的，最终，如果能找到一个人，跟自己手牵着手到老，多么浪漫！

　　在女孩儿变成女人最重要的一天，在女孩儿花了几乎整整前二十几年人生期盼的一天，应该是多么的重要。

　　所以打开这本书吧，就像准备迈向人生另一个充满幸福的阶段一样，细致地、慢慢地，不仅在心理上做好准备，也要在外表上准备好，并大胆骄傲地向全世界宣告你的幸福吧！

　　快去找幸福制造者——我可爱的小卉姐吧！

彩妆师 / 游丝棋

　　"执子之手，与子偕老，穿上圣洁的白纱，在众人的见证下，洋溢满载爱的喜悦，这是每个女人最美、最璀璨的时刻，被满心的祝福围绕。新娘对未来充满期待的脸庞，在白纱下散发幸福的光芒，那份喜悦与快乐，会被深深感动。小卉一直以来都是非常努力、细心、专业的化妆师。从这本书中能得到新的新娘妆容、保养方法，打造专属的美丽。为这一生中最重要的典礼做准备，新书上市热销，是所有新娘的美丽福音。"

名媛 / Maggie Chu

"Maggie好漂亮！""好像洋娃娃！"……每次只要是小卉帮我化妆，我出席派对都会得到很多赞美Compliments，小卉是我的秘密武器！让我在我的朋友当中每次都可以美美地出现。现在她出书了，还要我帮忙写序，天啊！那我的秘密武器不就公之于众了吗？不过说真的，我是打从心底为她开心！一个努力又认真的女人是一定要被支持的啦！小卉，恭喜你出书，一定会越做越好的，加油！

博客 / 花猴

　　第一次见到旻卉，是因为拍摄FG杂志的发型单元，当时旻卉帮我化妆，化的妆容太令我满意了，所以对她印象深刻！后来知道旻卉要出书，我想我比任何人都更期待，因为我想学习她的化妆技巧！

　　一直觉得，女孩儿们懂得化妆真的是一件很重要的事情，不需要花大钱整形，一样也可以让眼睛放大，让脸变小，让薄唇变为丰唇，甚至让平凡的邻家女孩变身成为"混血美女"！

　　书中包括了各种肤色与脸型的化妆方式，让女孩儿们可以轻松地学会这些小技巧，我想如果可以花一本书的价钱来换取一个优秀的彩妆师几十年的化妆经验，那么真是太值得了！

　　最后想说，旻卉加油！我期待看到你的更多作品！

名模 / Nita

旻卉，一直是我口中的"妈妈"，记得第一次"妈妈"给我化妆是我18岁的时候，那时的我一身邋遢地穿着校服坐在化妆椅上，看着"妈妈"在我脸上施展"魔法"，当我睁开眼时，心想："哇！好神奇的一双手！竟然把我画得如此漂亮！"让我忍不住开心地拿起相机疯狂自拍。

之后，经常与"妈妈"一起工作，逐渐熟悉并培养出默契，以前的我对化妆不了解、也不懂打扮，每次总是羡慕地看着"妈妈"在我脸上施展各式各样的"魔法"，让我像个百变小公主一样，我不得不说"妈妈"实在太厉害了！

因为"妈妈"让我懂得如何让自己变漂亮，让我更有自信地在工作上展现自我，更开心的是能参与"妈妈"新书的拍摄。我相信，所有的女孩都梦想着有朝一日当最美丽的新娘，这段拍摄期间，我们跑了很多美丽的景点、穿了好多美丽的婚纱，更是尝试了许多不同风格，现在的新娘，也要走最夯的日系风，就像日本杂志里的长谷川润、莉娜（LENA）、Angela Baby，穿着婚纱、带着可爱甜美的性感！这就是我跟"妈妈"最爱的风格，把各种元素加在一起，创造出更多更不同的样貌。

"妈妈"很努力、很用心地把全部的心血投入在这本书里面，我好期待它带来的成果，更希望在步入婚礼的那一天，由"妈妈"帮我变身为最美丽的新娘。"妈妈"辛苦了！能够认识你、跟你一起工作、向你学习，是最开心的事！

幸福代言人 / 许维恩

终于，我最亲爱的旻卉"妈妈"出书了！

还记得两年前，我的婚礼和婚纱照的化妆都是旻卉"妈妈"帮我打理的！
我本人是个对造型超级吹毛求疵的人，但是旻卉"妈妈"不管在发型或是妆容
上都能做到超级完美，让我成为当天最美丽的新娘！

旻卉"妈妈"我好爱你啊！知道你要出书了，我真的好开心，请赶快告诉
大家，你是怎么让女人成为最美、最出色的新娘吧！大家赶快来购书，书里面
可是有我的婚礼妆容大揭秘，快来看看吧！

艺人 / 郭碧婷

从一开始到现在，认识旻卉姐已经有七年了，常常会觉得她像"妈妈"一样，看着我一路成长到现在，每次跟她工作都会有温暖、温馨的安全感，因为细心的她会记得你化妆的喜好，针对你的个人特色化适合又漂亮的妆容，工作之余还会叮念要我好好照顾身体，要记得吃饭、要如何保养皮肤等，这是其他化妆师无法给我的感觉。而且更让我佩服的是她一直是个认真细心的化妆师，从不抱怨工作有多辛苦，总是努力的完成每次的工作，这是我非常佩服的地方。

还记得刚开始成为模特和旻卉姐一起拍摄杂志时，我只是一个高中刚毕业，对化妆保养什么也不懂，脸上还长满了青春痘的女孩，在这样糟糕的状况下，旻卉姐很神奇地使出她十八般武艺，帮我画出有如陶瓷般的水嫩肤感，让我可以很自信的完成拍摄的工作。

听到旻卉姐要出彩妆书时，我一点都不意外，很开心她可以发挥她的实力，为读者打造出一本实用的工具书，不只是准新娘，其他爱美的女人们也可以获得更多从头到脚的实用彩妆资讯喔。

微风代言人 / 王思平

恭喜贺喜！旻卉姐出书，真是大大的恭喜喔！这是我人生中第一次写序，好开心啊！

化妆不再只是简简单单的妆感，现在最流行的就是心机化妆技术，我超爱！丑小鸭变天鹅、宅女变女神、腐女变萌女，谁不是靠化妆技术，哈哈！我诚心地向大家推荐这本实用的书，我想大家看完一定能学到很多实用的技巧，让自己变得更美喔！

偷偷告诉你们，旻卉姐可是模特儿圈里盛传的金牌化妆师呢！我很多美丽、得意的作品都是出自旻卉姐的巧手之下，不管是我的脸在闹情绪或是工作熬夜变熊猫眼时，经过旻卉姐的巧手后通通变得漂漂亮亮，实在是好厉害！佩服！佩服！各位读者们你们真的有福了啦！

Jenna

微风代言人 / 昆凌

It's really happy working with Xiaohui, she's really Professional！！

No matter what you look like, she gonna make you a princess.

She does a really good job of doing make up very carefully

and very attentive whenever I see her at work.

I feel really lucky because I'm going to look real good

by her make up learn a lot from her when she's doing the make up

she tells you what kind of make up suits you.

She rocks！

艺人 / 邵庭

　　知道卉卉姐要出书的时候，我就吵着要写推荐，想要大家知道卉卉姐有多棒！这要说到两年前我们第一次见面，那天人还没睡醒就准备上妆，先是由卉卉姐的助理帮我醒肤、保湿，接着打底，过程实在是细心温柔到让我再度昏睡！后来惊醒是看到卉卉姐，说实在的当时超紧张，卉卉姐严肃又有气势的外表真的让我清醒过来了，但是随之而来的则是又细心又到位的彩妆魔法施展在我脸上了！一整天下来我们拍了大概五十几个造型，妆、发、配饰不停地换，每个造型都让我忍不住一直自拍不停，爱死了！

　　之后每一季要拍摄新的代言照，我第一个也是唯一要问的就是，化妆师是不是卉卉姐！对我来说这代表了无比的放心跟信任！入行工作这段时间里，我合作过太多太多化妆师，但是真的能让我安心又满意的却是少之又少，可是卉卉姐真的很棒！化妆厉害、发型也强，造型搭配又有水准！而且在严肃的外表下其实她好相处的很！这次她出书真的是造福了广大的女性朋友啊！

　　亲爱的卉卉姐，我真的爱你！送上大大的恭喜！新书一定大卖！

会星堂 / 史派萝小姐

诱惑仲夏 The Temptation of Midsummer
[無瑕的青春 ♥ 寫真集]

　　恭喜大家！可以看到我们秘密私藏的最爱彩妆师之一的彩妆书！很高兴小卉姐终于出书了！还记得刚开始遇到小卉姐已经是好几年前的事，小卉姐的打底技巧和自然有神的眼妆一直是我的最爱！每次拍杂志照时只要碰到的是小卉姐都会很放心、很放松地坐在那儿，就只要等待自己变得美美的那一刻就好了！希望这本书大卖，而且也期待下一本书的诞生！

Wish you the best!

Ann

　　哈啰！我是米娜，很开心要好好介绍这位大师级人物啦，终于盼到大师旻卉姐出书了！每次工作遇见大师都超开心！因为她总是可以把我画得很水嫩，而且我还可以偷偷学到几个小秘招，所以这次出书只能说大家有福了，要赶快收藏一下啦！把一些化妆小步骤记下来，保准实用有效！

Mina

给最亲爱的小卉姐：
　　恭喜你出书了！从第一次你帮我化妆我就好喜欢，
　　你知道每个人适合的妆容，然后帮大家画得美美的！
　　而且都会很细心地注意所有细节。
　　每次工作完感觉都不想直接回家，因为美美的妆都浪费了，
　　其实你在帮我化妆的时候我都会偷偷学着该怎么化！
　　我只能说小卉姐的手好巧，自己化还是没办法像你帮我化的一样。
　　在这里要祝你的新书大卖！爱你！

Nikki

艺人／筱婕

　　想当初跟小卉姐是在工作的场合下认识的，她那亲切的笑容总是可以让我很自信地把自己交给她，而她的一双巧手更是一瞬间就可以让我变得亮丽起来，也会让我看到很不同的自己，就像是童话故事书中的公主遇到了仙女的帮助后，变得更夺目耀眼一样，会让人无法把视线不放在公主身上。

　　总之，我认识的小卉姐，是一位可以打造出完美新娘的彩妆师，不管是婚前保养或者是彩妆，这本书一定会是你很好的选择。

　　如果你不明白该怎么保养才是正确的，又不知道怎么化完美彩妆，那请你翻开这本书就对了！

　　哈！因为你一定会看得很开心，看完后我相信你会马上拿起你的化妆品跟着小卉姐的步骤一步一步化完美的妆容。

艺人 / Meimei

　　和小卉姐认识是好几年前了，刚加入"我爱黑涩会"的时候，第一次接到的主持通告"东洋普普风"，就是小卉姐帮我化的妆，那时候我很紧张，在化妆间都说不出话了。但小卉姐边跟我聊天，边教我如何化彩妆，让我感觉放松不少，而且我第一次学会如何把睫毛分段贴的小诀窍，就是小卉姐教的呢！

　　之后再见面，是我在拍日系杂志时，那时候一见到小卉姐我就认出来了，还大叫着"小卉姐！"好像还把小卉姐给吓到了……呵呵！实在是因为太开心，可以再让小卉姐化妆，那次小卉姐的妆化得更完美了！后来几次拍杂志照时，都很期待可以让小卉姐化妆！

　　这次小卉姐要出书了，让我非常的雀跃，想必这本书是会让所有的女孩儿、女人越来越美丽的魔法书！